AF411383

ASTRONOMIE

INDIENNE

ASTRONOMIE

INDIENNE

D'APRÈS LA DOCTRINE ET LES LIVRES ANCIENS ET MODERNES

DES BRAMMES

SUR L'ASTRONOMIE, L'ASTROLOGIE ET LA CHRONOLOGIE

SUIVIE

DE L'EXAMEN

DE L'ASTRONOMIE DES ANCIENS PEUPLES DE L'ORIENT

ET DE L'EXPLICATION DES PRINCIPAUX MONUMENTS ASTRONOMICO-ASTROLOGIQUES

DE L'ÉGYPTE ET DE LA PERSE

PAR M. L'ABBÉ J. M. F. GUERIN

ANCIEN MISSIONNAIRE APOSTOLIQUE DANS LES INDES ORIENTALES
ET DOCTEUR EN THÉOLOGIE

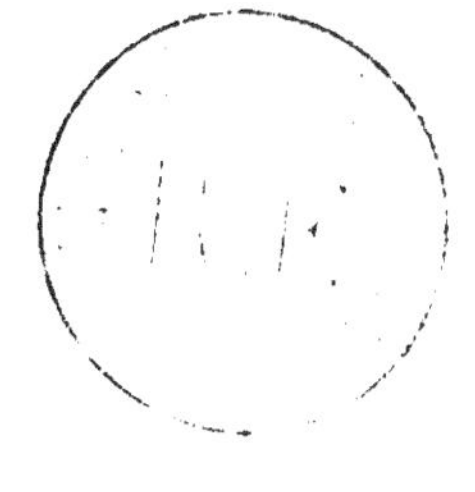

PARIS

IMPRIMÉ PAR AUTORISATION DU ROI

A L'IMPRIMERIE ROYALE

M DCCC XLVII

A SON ALTESSE ROYALE

MONSEIGNEUR

LE PRINCE DE JOINVILLE

VICE-AMIRAL.

MONSEIGNEUR,

C'est la marine de l'État qui en facilitant mes
voyages dans l'Inde, m'a fourni par là même
les moyens de me mettre en rapport avec les
Brammes et d'étudier leur astronomie; pour lui
témoigner ma reconnaissance, je dédie mon ouvrage à Votre Altesse Royale, comme au chef
qu'elle honore et admire le plus.

Monseigneur, si vous avez mérité la haute
dignité dont le Roi vous a revêtu par de bril-
lants faits d'armes, c'est à l'étude des sciences

appliquées à l'art naval, parmi lesquelles figure l'astronomie, que vous devez ces connaissances solides, ces talents éminents qui vous distinguent et ajouteraient encore, s'il était possible, à l'éclat de votre naissance.

En effet, depuis Saint-Jean d'Ulloa, l'histoire a déjà enregistré dans ses fastes, pour la gloire de la France, les noms maintenant illustres et populaires de Tanger et de Mogador. Puisse-t-elle aussi enregistrer un jour les succès de la civilisation chrétienne dans ce pays barbare, que cette civilisation n'a frappé naguère par les armes d'un petit-fils de Saint Louis, que pour s'en faire comprendre, respecter et accepter !

J'ai l'honneur d'être avec le plus profond respect,

MONSEIGNEUR,

De Votre Altesse Royale

Le très-humble et très obéissant serviteur,

GUERIN.

INTRODUCTION.

Ce qui étonne le voyageur dans l'Inde, c'est de voir un peuple nombreux, un des grands peuples des temps anciens et des temps modernes, persévérer dans l'antique idolâtrie; c'est de le voir attaché à son astronomie, prétendue divine et révélée, comme à ses mœurs patriarcales et à ses vêtements à forme traditionnelle et immuable. Aussi plusieurs savants européens ont-ils essayé tour à tour de pénétrer dans les secrets religieux et scientifiques de ce peuple mystérieux et phénoménal. On connaît les travaux des PP. Bouchet et du Champ, de Legentil, de Bailly, de Delambre, de Sir Jones, de Davis, de Colebrooke, de Bentley et de Warren sur l'astronomie indienne, les uns faits dans le but d'en montrer l'exactitude étonnante, les autres dans celui d'en expliquer l'origine par les connaissances astronomiques des Chaldéens ou par celles des fabuleux descendants d'Atlas. Cette science, quelle que soit son origine, joue un grand rôle dans l'Inde, et est peut-être le seul véritable instrument de la puissance morale des Brammes dans un

ressaient, en en laissant une copie au propriétaire, tantôt
une copie authentique de ces manuscrits, dont on ne
voulait pas se dessaisir. Je passais ainsi en revue tout
ce que l'on possédait sur l'arithmétique, l'algèbre, la
géométrie, la trigonométrie, l'astrologie, l'astronomie,
la médecine, la botanique, la philosophie et la grammaire. En peu d'années je pus réunir les livres fondamentaux et essentiels de toutes ces sciences, telles
qu'elles sont enseignées actuellement dans le Bengale,
soit au sein des familles, soit dans les tôls publics. La
riche bibliothèque de la Société asiatique de Calcutta
m'aida encore à compléter ma collection de livres astronomiques. Je parcourus pendant quelques jours tout
ce qu'elle renferme sur l'astronomie, et je fis prendre
copie des pouthis ou parties de pouthis qui me convenaient.

MM. J. Prinsep et Csoma de Körös étaient mes in-
troducteurs dans ce noble établissement, digne, par ses
collections d'inscriptions et d'antiquités orientales, d'objets d'histoire naturelle, et surtout de manuscrits, d'être
mis au rang des premiers muséums du monde. Leur
complaisance pour me servir dans mes recherches n'é-
tait surpassée que par leur amitié pour moi. L'un était
le secrétaire de l'illustre Société asiatique, et l'autre
en était le bibliothécaire. Mais j'aime à témoigner ici
toute ma reconnaissance à M. S. F. Bouchez, bibliothécaire assistant, qui eut la bonté de surveiller les
Brammes qui faisaient mes copies, à l'exactitude desquelles il savait que je tenais tant.

Enfin j'avais des textes précis et authentiques, une
bibliothèque complète sur l'astrologie et l'astronomie
traditionnelles de l'Inde ; une partie de l'ancienne science
de l'Asie et de la Chaldée, peut-être, était à ma disposition et sous mes yeux. L'un de mes Brammes,
principal du ṭôl astronomique de Rajkhaṛa près Hos-
sennabad, le savant Kalinath Biddyashagor, me faisait
connaître, comme à un Bramme même, tous les mystères, tous les secrets de l'astronomie et de l'astrologie.
Il me montrait comment ses aïeux et lui composaient
le bel Almanach, ou plutôt la Connaissance des temps,
qui paraît sous leur nom dans ces contrées, depuis plus
d'un siècle. Aussi je le récompensais suivant ses désirs,
pour ses soins et ses attentions, et je ne l'oublie pas en
Europe dans mes souvenirs de gratitude.

Quelle ne fut pas ma surprise en découvrant dans
ces livres que fort avant Descartes, Galilée et peut-être
Pythagore, les Indiens appliquaient l'algèbre à la géométrie ; disputaient dans leurs écoles sur la question
du mouvement de la terre provenant de sa rotation
diurne sur son axe au milieu de l'espace ; s'entretenaient
de la cause de la chute des graves, et comparaient la
terre à une pierre d'aimant ; calculaient des sinus et des
cosinus, et en dressaient des tables ; faisaient, comme
chose ordinaire et toute simple, la somme du carré de
chacun des côtés d'un angle droit, dans un triangle,
égale au carré de l'hypoténuse !

L'initiation dans la lecture des nombres hiéroglyphiques m'étonna encore davantage. Cette convention

antique des Indiens, qui consiste à représenter les chiffres par des noms de choses, et à lire les noms de droite à gauche, n'a-t-elle pas quelque rapport évident avec l'écriture des Égyptiens et le génie des langues sémitiques? Les orientalistes ne manqueront pas d'examiner cette question nouvelle, lorsque tous ces faits recevront, en Europe, la publicité entière qui leur manquait pour être bien connus et bien jugés.

Après avoir acquis la connaissance de l'astronomie et de l'astrologie des Brammes; après avoir examiné ce que l'on sait de l'astronomie des Chinois, des Persans, des Arabes, des Hébreux, des Égyptiens et des Chaldéens; enfin après avoir étudié plusieurs monuments de Persépolis, d'Esné et de toute l'Égypte, je crus qu'il serait bon un jour de faire connaître le résultat de mes observations sur la source commune de toutes ces sciences, et sur l'esprit de ces monuments évidemment idéologiques.

Ramené momentanément en Europe pour cause de santé, après douze années de mission dans l'Inde, je me suis mis à jeter sur le papier un aperçu bien court de toutes les découvertes qui m'ont paru résulter de la lecture de mes manuscrits, et à faire un résumé concis de toutes les idées des Brammes sur l'astrologie, la chronologie et l'astronomie. C'est ce qui forme le présent ouvrage.

Puisse ce travail être utile à la science, et surtout porter un fil conducteur, un rayon de lumière dans le monstrueux chaos de la chronologie et des croyances bramminiques! Puisse-t-il être un point d'appui pour dissiper quelques-unes des erreurs qui enflent, aveuglent et abrutissent depuis si longtemps le malheureux Indien! Que les Brammes comprennent un jour qu'ils sont pétris de la même boue que le pariah; que leur beau et riche pays n'aura désormais de nationalité propre et d'indépendance véritable, à l'égard des autres pays, que quand ils promulgueront eux-mêmes l'abolition de toutes les castes. Qu'ils sachent que c'est dans l'union qu'est la force; que tous les hommes sont frères, créatures du même Dieu, fils du même père, l'Adam biblique; et qu'ils se soumettent à la loi évangélique, à la révélation chrétienne, la seule révélation divine faite à l'homme sur son passé et son avenir, ses espérances et ses devoirs.

J'ai ajouté, à la fin de mon livre, la liste des manuscrits astronomiques qui sont en ma possession, avec une notice explicative de leur contenu; j'ai pensé que les savants indianistes d'Europe seraient bien aises de savoir dans quelle riche moisson je me suis permis de prendre quelques épis. Cela les engagera peut-être à entreprendre la traduction des plus intéressants de ces manuscrits.

NOTE SUR L'ORTHOGRAPHE SUIVIE POUR LA TRANSCRIPTION
DES MOTS SANSCRITS.

Comme Français, j'ai senti la nécessité de former un alphabet français, afin de lire, prononcer et écrire le sanscrit à la manière des Brammes les plus instruits du Bengale. Je ne pouvais adopter un des alphabets anglais ou allemands, qui sont nombreux, variés, discordants et confus, sans me condamner d'avance à prononcer ridiculement le sanscrit, ou à faire une étude spéciale des deux prononciations anglaise et allemande, auxquelles ils conviennent plus ou moins parfaitement.

Je ne me défendrai point d'avance du parti que j'ai pris de ne faire qu'un mot de chaque vers dans la transcription du sanscrit; le lecteur qui a entendu les Brammes réciter quelques pièces de vers, sait que, dans la prononciation, chaque vers se débite comme un seul mot, avec des intonations variées sur chaque voyelle, et une pose unique à la fin du vers : je parle du vers valmicien. Ceux qui peuvent examiner les manuscrits du Shoùrdjyo et des neuf dixièmes des poëmes indiens, reconnaitront encore que le vers, dans ces ouvrages, ne fait qu'un seul et même mot en écriture. Cela, du reste, n'est pas particulier au sanscrit : on connaît d'anciens manuscrits hébreux, grecs et latins où l'on trouve cet usage en vigueur.

Quant à la prononciation, quelqu'un y trouvera peut-être à redire ; on me blâmera d'avoir adopté l'usage des Brammes du Bengale, qui prononcent *o* l'*a* bref, *sho* ou *cho* les trois *s*, et souvent *bo* le *vo*. Mes raisons, les voici en abrégé : 1° Les Brammes du Bengale ont une langue formée, pour les quatre cinquièmes, de mots sanscrits. (Voyez la préface de la belle *Grammaire bengalie* du savant W. Carey.) Nulle autre langue dans l'Inde n'a ce mérite. 2° Ces Brammes du Bengale ont cultivé avec beaucoup d'éclat, et jusqu'en ces derniers temps, la langue sacrée; les trois quarts des livres sanscrits et des Pouranas, y compris le

Ramayone de Gour, ont été composés par eux depuis l'arrivée des Bhoukhariens ou Turks dans le nord-ouest de l'Inde. Avec les bonnes traditions de la langue, ils ont dû conserver sa prononciation plutôt que qui que ce soit. On peut dire de ces Brammes du Bengale ce que nous disons des Grecs modernes pour la prononciation du grec ancien : Ils ont la bonne prononciation, ou bien elle est perdue. 3° La prononciation de l'*a* bref n'a ni le son de *u*, ni celui de *ă* dans le Bengale ; là, *a* bref a toujours le son de l'*o*. Quelques Anglais, les Arabes, les Persans, et tous ceux qui parlent le *more*, jargon qu'on appelle à tort *ordou* et *indostany*, sont les seuls à braver, par leur prononciation hétéroclite, l'usage des Bengalis et de leurs Brammes. Voici mon alphabet français, et je prie le lecteur d'y recourir en cas de besoin, quand il voudra transcrire en caractères dévonagoris ce qui serait écrit en caractères romains.

CARACTÈRES dévonagoris.	CARACTÈRES romains correspondants.	PRONONCIATION de ces caractères dans le Bengale.	SONS CORRESPONDANTS dans la langue française.	OBSERVATIONS.
ক	k.	ko.	colonne.	
খ	kh.	kho.	cône.	
গ	g.	go.	gobelet.	
ঘ	gh.	gho.	polygone.	
ঙ	n̖.	ouon.	où on loge.	En composition, cette lettre a le son de l'n dans ange. Elle n'est pas usitée autrement.
চ	tch.	tcho.	tchoquer.	
ছ	tch.	tcho.	tchose.	Les sons de *t* et de *d* s'ajoutent.
জ	dj, j, dz, z.	djo, dzo.	droli, dzodiaque.	
ঝ	dj, j, dz, z.	djo, dzo.	djoseph, dzone.	Les lettres tranchées sont doubles.
ঞ	n.	eignon.	peignon.	En composition, cette lettre a le son de l'n dans ange. Elle n'est pas usitée autrement.
ট	t.	to.	tolérer.	
ঠ	th.	tho.	tôle.	T, *d*, *r* et *l* sous lesquels se trouve un point, se prononcent la langue entièrement repliée en dessus.
ড	d.	do.	domino.	
ঢ	dh.	dho.	dôme.	
ণ	ñ.	onne.	personne.	
ত	t.	to.	tolérer.	
থ	th.	tho.	tôle.	

CARACTÈRES dévonagoris.	CARACTÈRES romains correspondants.	PRONONCIATION de ces caractères dans le Bengale.	SONS CORRESPONDANTS dans la langue française.	OBSERVATIONS.
द	d.	do.	Domino.	
ध	dh.	dho	Dôme.	
न	n.	no.	Notice.	
प	p.	po.	Polaire.	
फ	f.	fo.	Folie.	
ब	b.	bo.	Bocal.	
भ	bh.	bho.	Bore.	
म	m.	mo.	Momie.	
य	y, dz, z, dj, j, ê, é, e.	yo, djo, dzo.	Role, mÊlÉ, pEau.	Au commencement des mots, cette lettre a le son d'y, de *dj* et de *dz*; au milieu, celui d'e muet; à la fin, souvent celui d'ê ou d'é. Exemples : *Yomo, indriê, biYot (biot), praÉ.*
र	r.	ro.	Royaume.	
ल	l.	lo.	Local.	
व	v, b.	vo, bo.	Vocal, Bocal.	
श	sh.	sho.	Choc.	
ष	sh.	sho.	Choc.	
स	sh, s.	sho, so.	Choc, Soc.	
ह	h.	ho.	Brochet.	Cette lettre est aspirée.
क्ष	khy, ksh, x.	khyo, ksho, xo.	Kiosque, toxophore.	Cette lettre a rarement le son de *xo* dans le Bengale.

CARACTÈRES dévonagoris.	CARACTÈRES ROMAINS équivalents, avec leur prononciation.	SONS CORRESPONDANTS dans la langue française.	CARACTÈRES dévonagoris.	CARACTÈRES ROMAINS équivalents, avec leur prononciation.	SONS CORRESPONDANTS dans la langue française.
अ	o.	obole.	ओ	ô.	cône.
आ	a.	Acacia.	औ	ôou.	homoousiens.
इ	i.	idée.	अं	ong.	ONGuent.
ई	i.	île.	अः	oh.	OH!
उ	ou.	ouvrage.	ँ	e (muet)	patE, bonnE.
ऊ	oû.	outil.	ॢ	o (ko), w.	pôle, kwai, paon.
ऋ	ri.	Rituel.	ृ	rh.	OR.
ॠ	rî.	Rire.	ॄ	rh.	ornement.
ऌ	li.	Lit.	.	ou.	chiffoN.
ॡ	li.	title.	..	r	poRte.
ए	e (latin).	égalER.	^	r.	pRobe.
ऐ	oi	introït.			

ASTRONOMIE

INDIENNE.

CHAPITRE PREMIER.

DE SHOÛRDJYO SHIDDHANTO ET DE SON OUVRAGE.

Le traité astronomique de Ṣhrî Shoûrdjyo Shiddhanto
est l'Almageste des Indiens; il est la règle de tous leurs
calculs astronomiques, et la source de toutes les tables qui
servent, depuis plusieurs siècles, à composer leur Connaissance des temps et leurs almanachs. C'est un Shashtrah divin
pour une population de plus de cent trente millions d'habitants[1]. Si l'on en croit les Brammes, il a été révélé par le
Soleil lui-même à Moyo, et mis en beaux vers sanscrits par
le Bramme Ṣhrî Shoûrdjyo Shiddhanto, dont il porte le
nom. Cette opinion est fondée seulement sur l'exorde du
poëme même qui commence ainsi :

Otchindiabyoktorhoupayonirgounayogounatmonch :
Shomoshtodjogodadharomoûrtoyebrommonenomoh.
Olpaboṣhishṭhetoukritemoyônamomohashouroh :
Rohoshyongporomongpounyongdjigguianshoûrdjyanomouttomoh.

---

[1] L'astronomie de Shoûrdjyo est le fondement de celle qui règne à Ceylan,
dans toute l'Inde, au Cachemir, dans le Pandjab, dans le Tibet, dans la Bir-
manie, à Siam, et peut-être dans la Perse et à la Chine.

Et dont le sens est : « Adoration à Brommo, Être simple, invisible, sans forme, Esprit pur, qui est sous la forme et dans l'essence de toutes les créatures qui composent l'univers! Lorsque Moyo priait ainsi, depuis un peu de temps, dans un profond recueillement, à la fin du quatrième âge du monde, Mohashour (le Soleil) lui dit : Écoute, voici la doctrine du Soleil que tu adores; c'est la plus belle, la plus sublime et la plus parfaite des doctrines. »

Les Brammes disent encore, et cela depuis plus de quatorze siècles, que cette révélation astronomique eut lieu 1,953,720,000 ans après la fin de la création, qui se fit, en 17,064,000 années, par Brommo. Ils s'appuient toujours sur le texte, et seulement sur le texte ainsi conçu de l'auteur :

Shoûrdjyabdoshongkhyoyagguealikritoshyantegotokhyemi,
Khotchotoushkoyomodryognishoronondonishakorah.

« L'âge complet du Soleil, au bout du quatrième âge du monde, est *ciel multiplié par quatre, Yomo, montagne, feu, dard, richesse, lune*, ou 1,953,720,000. » Mais quand ils avancent que cette révélation a eu lieu il y a maintenant 2,164,945 ans, qui sont la somme du troisième âge (1,296,000), du second (864,000), et de l'époque actuelle du premier (4945), ils ne s'appuient sur rien; à moins que l'on ne dise qu'après quatre vient trois, puis deux et un, au lieu d'un, deux et trois dans le compte des âges[1]. On peut enfin saper toutes ces révélations mal comprises, en montrant une époque fixée par le témoignage de plusieurs étoiles, qui sont autant de soleils, pour le moment de la grande révélation faite à Moyo, dont Shoûrdjyo est le se-

---

[1] Voyez ci-après, dans le chapitre xi, les vers 13 et 35 de Shoûrdjyo.

crétaire. En effet cette époque rapprochée sera fixée exactement plus tard, d'après le texte même de Shoûrdjyo, et
donnera déjà une idée de la chronologie des Indiens. Cette
révélation stellaire, que le savant Colebrooke a souvent tra-
duite d'une manière inexacte[1], à cause des mauvais manuscrits qui étaient à sa disposition, est donc de la plus grande
importance.

On saura que les Brammes ont adopté comme réelle,
après le ve siècle de notre ère, la chronologie astronomique
de Shoûrdjyo; qu'ils l'ont mal comprise; que l'âge dit *Kaliyoug* est un âge imaginaire, dû seulement à des conventions d'astronomie.

Bentley a fait beaucoup de recherches et de calculs pour
trouver l'âge de Shoûrdjyo; mais il n'a pas obtenu un résultat satisfaisant. De ce qu'il est certain qu'un astronome
tâche de donner pour son temps, par ses tables, la place
observée ou vraie des planètes, il ne s'ensuit pas que ces
tables mêmes soient parfaites, que ses mouvements donnés
comme moyens soient véritablement les moyens mouvements : ces moyens mouvements ne s'obtiennent qu'après
de bonnes et nombreuses observations faites à de grandes
distances de temps : mais pour le temps de chaque astronome, les mouvements plus ou moins vrais sont suffisants,
s'ils représentent les phénomènes apparents. On peut donc
croire que Shoûrdjyo était aussi content de ses moyens mouvements des planètes que Lalande l'avait été des siens, que
l'avaient été Cassini et la Hire des leurs; mais il n'est pas
logique de dire que les moyens mouvements des derniers
astronomes sont les meilleurs, si l'on ne pèse pas en même
temps la valeur des observations qui leur servent de fonde-

Asiatic Res. vol. IX, p. 233.

ment. Ainsi la comparaison des tables des moyens mouvements de Shoûrdjyo et de Lalande prouve seulement le plus ou moins grand accord qui existe entre elles, et nullement la supériorité des unes sur les autres, et encore moins l'âge de leur composition.

Si Bentley avait donné directement la place vraie des planètes pour les années 3102 avant J. C., 499, 999, 1499 et 5099 après J. C., en se servant des tables de Lalande et de Shoûrdjyo, d'après les principes de chacun de ces auteurs, il aurait pu obtenir l'âge de Shoûrdjyo d'une manière approximative ; en supposant toutefois que les tables de Lalande conviennent au temps de Shoûrdjyo comme au sien propre, et que les grandes et petites inégalités, découvertes depuis Lalande, n'occasionneraient aucun dérangement dans les résultats obtenus avant leur découverte.

Mais c'est ce que Bentley n'a pas fait; il a seulement comparé des moyens mouvements, et il a donné, pour l'année de Shoûrdjyo, celle qui est le terme moyen des années nécessaires pour les faire arriver au même point, en les faisant rouler, pendant le même temps, jusqu'à ce que la différence des sphères et leur différence propre soient annulées. Cette opération, assez singulière, donnait aussi bien 340 ans d'antiquité à Shoûrdjyo que 1105, que 875, etc. Bentley s'est contenté de 731, qui est le terme moyen de tous ses résultats, qui ne prouvent rien en particulier[1].

« Indépendamment de tous ces calculs, nous connaissons, dit-il, par des livres indiens, l'époque à laquelle le *Shoûrdjyo Shiddhanto* a été écrit, et par qui. Dans le commentaire de Bhashoti, il est déclaré que Voraho est l'auteur du *Shoûrdjyo Shiddhanto*. Le *Bhashoti* a été écrit en l'année 1021 de Shaka,

---

[1] *Asiatic Res.* vol. VIII, p. 209, et vol. VI, p. 577.

par Shotanondo, qui d'après les Hindous fut l'élève de
Voraho, et sous la direction duquel il reconnaît lui-même
avoir composé son ouvrage. Conséquemment Voraho vivait
alors quelque temps auparavant; ce qui s'accorde autant
que possible avec l'âge obtenu ci-dessus (731), parce que
Bhashoti, l'an de J. C. 1799, avait·exactement 700 ans
d'antiquité. »

Colebrooke examina cet ouvrage de Shotanondo, pour
voir où pouvait être le témoignage rapporté par Bentley;
il reconnut, comme je viens aussi de le reconnaître, que
Bentley s'était ou avait été trompé [1]. J'ai deux manuscrits du
Bhashoti; il y a très-peu de différence entre eux. Celui qui
me paraît le plus complet commence ainsi :

Om nomôgoneshoyeh.

Nottamoureshtchoroñarobindongshrîmanoshotanondoitidouidjen-
    droh :

Tangbhashôtîshishyohitarthomahohshakebihînoshoshipokhyokhoïk·

eh (1021).

Othohprobokhyemihirôpodeshat:totshoûrdjyoshiddhantoshomongs-

homashat:tchondrakhishoûnyendou (1021) bihînoshake.

«Om! (adoration à Dieu en trois) adoration à Gonesh
(*Shiva* avec une tête d'éléphant). Après avoir placé des
fleurs de lotus aux pieds de Vishnou, l'heureux et respec-
table Shotanondo, de caste Douidjendrah (régénérée pour
le ciel) ou de caste illustre (*Proshiddoh*) [2], a composé le *Bha*
shôtî pour ceux qui étudient les hautes sciences, l'an de

---

[1] *Asiatic Res.* vol. XII, p. 224.

[2] *Proshiddhob* remplace *Douidjendrah* dans un second manuscrit du même
ouvrage.

Shaka (1021); *Lune, opposition et conjonction de la lune, ciel un.* Voici ce que je propose (dit Shotanondo), *Suivant la doctrine de Mihira, ainsi que celle de Shoûrdjyo Shiddhanto, à laquelle elle est conforme, l'an de Shaka* (1021); *Lune, yeux, ciel, Lune.* » Ce qui correspond à l'an 1100 de l'ère chrétienne.

Shotanondo ne fait plus mention de Mihira[1] dans la suite de son traité; ce qu'il en a dit en commençant suffit pour le but qu'il se propose; mais on ne voit pas, dans ce peu de mots, que Mihira soit l'auteur du *Shoûrdjyo Shiddhanto*, ou que Mihira ait été le maître immédiat de Shotanondo. Les Brammes actuels, qui suivent aussi pied à pied la doctrine de Shoûrdjyo et de Mihira, sont des disciples éloignés de ces auteurs; enfin Shotanondo doit plutôt être cru que son commentateur et les Hindous, s'ils parlent toutefois autrement. Revenons maintenant à l'ouvrage de Shoûrdjyo.

Cet ouvrage est composé en vers de même longueur, de seize moments chacun. Le dictionnaire d'Amorosingho, le poëme astrologique de Gorgo et les lois de Monou sont écrits en vers de même espèce. Il est divisé en **quatorze** chapitres. Le premier chapitre traite de la cosmogonie, de la chronologie, des révolutions des planètes, du moyen de s'en servir, et du système du monde planétaire.

Le deuxième chapitre donne la table des sinus et cosinus, le rayon du cercle étant de 3438 parties, représentant des minutes; de sorte que le diamètre est à la circonférence dans le rapport de 7 à 21.98952 environ, ou exac-

---

[1] Mihira est un second nom de Voraho.

tement comme 3438′ : 21600′. Shoûrdjyo voulait son rayon
en minutes, pour la facilité du calcul de sa table. L'inclinaison de l'écliptique sur l'équateur est de 24° : ce nombre
rond est peut-être encore de convenance pour faciliter les
calculs et les observations avec l'astrolabe et le cercle de
déclinaison. Le même chapitre montre la manière de trouver la longitude et la latitude, l'ascension droite et la déclinaison des planètes, au moyen des tables de sinus, quand
on connaît la longitude et la latitude apparentes de ces
corps célestes sur l'écliptique et le cercle de déclinaison.

Le chapitre troisième traite des équinoxes, des solstices,
de la précession, de la longueur du jour et de la nuit pendant l'année, et du gnomon.

Le quatrième parle de la mesure de la terre, des longitudes et latitudes terrestres; de la lune, de ses mouvements,
de la manière de les calculer, et de ses éclipses;

Le cinquième, des ascensions droites et déclinaisons du
soleil, de sa longitude et de sa latitude, de ses éclipses;

Le sixième, des moments favorables aux grandes affaires,
et surtout pour le mariage (astrologie);

Le septième, des mouvements directs et rétrogrades,
des positions apparentes des planètes, de leurs conjonctions
et oppositions, de leurs places dans le zodiaque stellaire ou
les Nokhyottros;

Le huitième, de la position actuelle des étoiles dans le
zodiaque stellaire divisé en 27 parties de 13° 20′ chacune,
et des Yôgotaras;

Le neuvième, de la manière de trouver la position de la
lune dans les Nokhyottros; de la position de chaque étoile
des Nokhyottros, relativement aux douze signes qui changent à cause de la précession des équinoxes;

Le dixième, de la manière de trouver les digressions de la lune, et de Vénus en particulier;

Le onzième, des nœuds ascendants et descendants de la lune;

Le douzième, des longitudes terrestres, de la mesure de la terre, des distances des planètes à la terre, des diamètres et circonférences de ces planètes;

Le treizième, de la sphère (astrolabe), de ses cercles, de leurs divisions relativement aux 27 Nokhyottros et aux 12 signes mobiles du zodiaque sur l'écliptique;

Le quatorzième, des diverses espèces de temps, des Koronas (astrologie), de la durée du jour et de la nuit, des Tithis ou jours lunaires, des pronostics.

Tel est le contenu, à peu près, du premier livre sacré astronomico-astrologique des Indiens. Il a été commenté par plusieurs savants des colléges de Bénarès, de Goûr, d'Oujeïn et de Nodiah. Le texte est quelquefois corrompu par la seule faute des copistes; quelquefois aussi les interprètes eux-mêmes, voulant expliquer ce qu'ils ne comprennent pas, changent ce texte et l'accommodent à leur manière de voir: mais le texte véritable se retrouve toujours dans d'autres commentateurs, ou dans des copies du *Shoûrdjyo* sans commentaire.

CHAPITRE II.

CHAPITRE II.

TEXTE DU HUITIÈME CHAPITRE DU *SHOURDJYO SHIDDHANTO*,
SUIVI DE LA TRANSCRIPTION ET DE LA TRADUCTION EN
REGARD, AVEC DES NOTES NUMÉRIQUES INTERLINÉAIRES.

अथ नक्षत्र ध्रुव विक्षेपाधिकार: ॥

प्रोच्यते लिप्निका भानां स्वभोगेषु दृश्य हृता: ।

१ भवन्तीतीत धिग्म्यनां भोग लिप्ता युता ध्रुवा: ॥

अष्टनवा शून्यकृता: पञ्चषष्टि नगेश्वरं ।

२ अष्टार्धी गोमुख छागा छर्कागा मनवस्तथा: ॥

कृतेसागर युगरसा: सून्यवाना वियद्रसा: ।

३ खवेद्धा: सागरनगा गजागा सागरन्तर: ॥

मनवो खरसा वेद्धा वैश्यमाफ्यर्द्धभोगजा: ।

४ आफ्यसौराभिजित् प्रान्ते वैश्याते अवणास्थित: ॥

त्रिचतु: पाठ्यो: सन्धो अविष्ठा अवणास्यत: ।

५ स्वभोगतो वियन्नगौ: षट्रुद्धति यमनाश्विन: ॥

रन्धीन्द्रीय: क्रमाठेशां विक्षेपा: स्यापठक्रमात् ।

६ दिक् मासा विषासौम्ये याम्येपञ्च द्विशि त्रिगा ॥

सौम्येरसा: ख याम्येलृगा: सौम्येखा कं स्यांठशा ।

७ दन्त्रिणेल्री योमना: सप्रत्रिंशतद्विकृत्तरे: ॥

याम्येर्द्ध घु त्रिक्कछता नवसा दृगुने षर: ।

८ उत्तरस्यांतथाषष्टि स्त्रिंशत् षट्त्रिंशदेवह्नि ॥

दक्षिणेर्द्धसार्द्ध भागश्चतुर्विंशतिरुत्तरे ।

९ भागांषट्विंशति: खञ्च: दस्नादीनांयथाक्रमं ॥

अशीतिभागैर्याम्य योगगत्या मिथुनान्त्यग: ।

१० विंशेचतुर् मिथुनस्यांशे मृग्व्याधो व्यवस्थित: ॥

विक्षिप्तो दक्षिनेभागै: खार्णवै: स्वापठक्रमात् ।

११ ऋतभुक् ब्रह्महृदयं वृषेविंशे द्वाविंशभागे: ॥

अष्टाभि स्त्रिंशताचैव विक्षिप्तावुत्तरेणतौ ।

१२ गोलंवद्धा परिक्षेच विक्षेप ध्रुवकं स्फुतं ॥

वृषसप्तशे भागेयस्य याम्यं शकद्वयात् ।

१३ विक्षेपोर्ङ्श्याधिको भिन्द्यात् रोहिन्यां शकन्तका ॥

ग्रहवत् द्युनिशोमानां कुर्य्यात्तत्कर्म्म पूर्वत् ।

१४ ग्रहमेलकवछे षग्रह् भुक्तादिनानिच ॥

तृत्योर्ह्लीने ग्रह्ो योगे ध्रुवकाद्धिकोगत: ।

१५ विपर्य्यर्यादू वक्रगतौ ग्रहैद्वेय: समागम: ॥

फाल्गुन्या भाद्रपठयोत्तधैराषाढयोर्द्वयो: ।

१६ विशाखाश्विनि सौम्यानां योगतारोत्तरा स्मृता: ॥

पश्चिमोत्तर तारायांद्वितीया पञ्चिमेस्थिता: ।

१७ ऋतास्या योगतारासा अविद्धायाश्च पश्चिमो: ॥

ज्येष्ठा श्रवण मैत्राणां वृहैस्पत्यस्य मध्यमा: ।

१८ वरुन्याग्रेय पित्राणां रेवत्याश्चैव दक्षिणा: ॥

रोहिन्याद्दित्य मूलानां प्राची सार्पस्यचैवहि: ।

१८ यथाप्रत्युच शेषानां स्थूलास्यात् योगतारका: ॥

पूर्व्स्यां ब्रह्महृदया दशकै: पञ्चभि: स्थित: ।

२० प्रजापति वृषान्तेच सौम्योष्टत्रिंशतं शकै: ॥

अपांवत् सप्तचित्रायां उत्तरेशैत्त पञ्चाशभि: ।

२१ वृत्त् किञ्चिद्दयो भागैराय: षट्रिश्भस्तथोत्तरे: ॥

इति श्रीसूर्य्य सिद्धान्तेमहाज्योतिषे ध्रुव विद्देपयत्
युतिपरिज्ञानाधिकारौष्टम: ॥   ॥

TRANSCRIPTION.

OTHONOKHYOTTRODHROUBOBIKHYEPADHIKAROH.

1. Prôtchyoteliptikabhanangshobhôgueshoudoshyohotah :

Bhoñtîtitodhiggyanangbhôgoliptayoutadhroubah.

I.   —   II.   —   III.   —   IV.   —
8.   4.   o.   4.   5.   6.   7.   5.

2. Oshtornobashoûnyokritahpontchoshoshtinogueshorong :

V. — VI. — VII. — VIII. — IX. —
8.   5.   9.   8.   7.   6.   7.   14.

Oshtarthagômoukhoshtagashtorkagamonoboshtothah.

X. — XI. — XII. — XIII. —
4.   4.   4.   6.   o.   5.   o.   6.

3. Kriteshagoroyougoroshahshoûnyobanabiodroshah

XIV. — XV. — XVI. — XVII. —
o.   4.   4.   7.   8.   7.   4.   7.

Khovedahshagoronogagodjagashagorontoroh.

XVIII. — XIX. — XX. — XXI.
14.   o.   6.   4.   —   1/2.

4. Monobôkhoroshavedavoïshyomapyardhobhôgodjah :

XXII. — XXIII. —
Apyoshŏourabhidjitprantevoïshyateshroboñoshthitoh.

XXIV. —
3,4.
5. Tritchotouhpadoyôhshondhŏoushrobishtashroboñoshyottoh :

XXV. — XXVI. — XXVII. —
o.   8.   6 × 6.   2.   2.

Shobhôgotòbionnogôhshorkritiyomonashinoh

TRADUCTION.

CHAPITRE DES LONGITUDES ET LATITUDES DES ÉTOILES.

1. Chacun des nombres suivants marque la distance d'une étoile, et chaque unité de ces nombres vaut *dix* minutes (*liptika*).

La longitude s'obtiendra par l'addition des mansions déterminées, des degrés et des minutes (*lipta*[1]).

	I.	—	II.	—	III.	—	IV.	—
	8.	4.	0.	4.	65.		7.	5.

2. *Huit, Océan; ciel, âge; soixante-cinq; montagne, flèche.*

	V.	—	VI.	—	VII.	—	VIII.
	8.	5.	9.	8.	7.	6.	7.

Huit, élément; tête de vache; huit, montagne; Shashtro, mon-

	IX.	—
	14.	

tagne; Monou.

	X.	—	XI.	—	XII.	—	XIII.	—
	4.	4.	4.	6.	0.	5.	0.	6.

3. *Age, Océan; Youg, saveur; le vide, flèche; atmosphère, saveur.*

	XIV.	—	XV.	—	XVI.	—	XVII.
	0.	4.	4.	7.	8.	7.	4.	7.

Nuage, Védas; Océan, montagne; éléphant, montagne; mer, Mo-

—

nontoroh.

	XVIII.	—	XIX.	—	XX.	—	XXI.
	14.	0.	6.	4.			

4. *Monou; espace, saveur; Védas.* Voïshyo (21ᵉ Nokhyottro) est à la

1/2.

moitié de l'Éléphant (20ᵉ Nokhyottro); et

	XXII.	—	XXIII.

L'Apyoshour (le demi-Dieu) Abhidjit, à la fin. Shrobone (23ᵉ Nok.)

est à la fin de Voïshyo, et

	XXIV.	—
	3 4.	

5. Aux trois quarts de Srobone se trouve Srobishta (24ᵉ Nok.).

	XXV.	—	XXVI.	—	XXVII.	—
	0.	8.	6 × 6 = 36.	2.	2.	

Après cela on a *espace, serpent; six* élevé au carré; *Yomo, Ashíne;*

---

[1] Les astrologues chaldéens désignaient aussi par le mot *lipta*, λεπτα, les minutes. Voyez Saumaise, *Plinianæ Exercitationes,* p. 451.

XXVIII.
9.   5.
6. Rondhrîndrîchkromadeshangbikyepahshyapodokromat :

I. — II. — III.   —   IV. — V. — VI. —
10.   12.   5.   (N.)   (s.)   5.   12.   16.
Dikmashabishashöoumyeyamyepontchodidishonripa :

VII. — VIII   —   IX.   —   X. — XI. —   XII. —
(N.)   6.   0. (s.)   7.   (N.)   0. 12.   13.
7. Shöoumyeroshahkhoyamyehoghashöoumyekharkoshtryôdosha.

XIII. — XIV.   —   XV.   —
(s.) 5.   2.   37.   (N.)
Dokhyñendrîyômonahshoptotringshotodrikouttorch.

XVI. — XVII. — XVIII. — XIX.   — XX.   —   XXI. —
(s.)   1/2.   5.   3 × 4.   9.   1/2 + 3.   5.
8. Yamyehordhoshoutrikkritanoboshardhogouneshoroh :

XXII.   —   XXIII.   —   XXIV. —
(N.)   6o.   3o.   36.
Outtoroshyangtothashoshtishtringshotshottringshodebohi.

XXV.   —   XXVI.   —
(s.)   1/2.   24.   (N.)
9. Dokyñehongshardhobhagoshtchotourbingshotirouttore :

XXVII.   —   XXVIII.   —
26.   0.
Bhagangshorbingshotihkhontchohdoshradînangyothakromong.

8o.   (s.)
10. Oshîtibhagoïryamyoyômogoshthyamithounanthyogoh :

24.
Bingshetchotourmithounoshyangshemrigbyadhôbyoboshthitoh.

(s.)   0.   4.
11. Bikhyptôdokhynebhagoïhkharñoboïhshâpodokromat :

20.   22.
Houtbhoukbrohmorhideyongbrishebingshedoabingshobagueh.

8.   3o.   (N.)
12. Oshtabhishtringshotatchoïbobikhyptabouttoreñotöou :

6. *Trou, sens.* Suivent maintenant les latitudes ; elles viennent dans le même ordre.

Coins du monde; mois; sens, au nord. Au sud, *cinq; douze; roi.*

7. Au nord, *saveur; ciel.* Au sud, *mont.* Au nord, *ciel; Soleil; treize.*

Au sud, *sens; Yomo. Trente-sept,* du côté du nord.

8. Au sud, *demi-degré; dard; trois fois âge; neuf; qualité* et *un demi-degré; dard.*

Au nord, *soixante; trente;* puis *trente-six.*

9. Au sud, la *moitié d'un degré.* Au nord, *vingt-quatre degrés;*

Vingt-six degrés; le ciel. Doṣhra (le 1ᵉʳ Nokhyottro, Aṣhîuî) vient le premier, et ensuite les autres.

10. A *quatre-vingts degrés* de latitude, tout à fait au sud, à la fin de Mithoune [1], se trouve Yama (le juge des enfers) Ogoshthyo (Canopus, *Knoubis, Kneph*).

Au *vingt-quatrième degré* de Mithoune, le *Chasseur de cerfs* (le Chien, Sirius) est en station ;

11. Sa latitude, au sud, est de *ciel, Océan* degrés. Viennent successivement

Le *Consommateur d'offrandes* (le feu, Ogni, ɩ du Cocher) et le *Cœur de Brommo* (Capella, Brommorhidaya) dans Brish [2] aux *vingt* et *vingt-deuxième* degrés,

12. A *huit* et *trente* degrés de latitude du côté du nord.

____

[1] ♊ — [2] ♉ Mesh, Brish, Mithoune sont *Aries, Taurus* et *Gemini.*

Gôlongboddhaporikhyetchobikhyepodhr ubokongshfoutong.

13. Brisheshoptodoshebhagueyoshyoyamyongshokodoyat [17.] [(s.)] :

Bikhyepôhongshyadhrikôbhindyatrôhinyangshokontoka. [2.]

14. Grohobotdyounishômanangkourjyattrikkormopoûrbot :

Grohomelokobotcheshonggrohobhouktadinanitcho. [I.]

15. Trishyôhnîegrohôyôguedhroubokadodhikôgotoh :

Biporjyoyadobokrogotöougrohoïgnyehshomagomoh.

[XI. — XII, — XXVI. — XXVII. — XX. — XXI.]
16. Falgounyabhadropodoyôshtothoïrashadhoyôrdoyôh :

[XVI. — I, — V.]
Bishakhashînishöoumyanangyôgotarôttorashmritah. [(N.)]

[(o.)] [(N.)] [(o.)]
17. Poshtchimôttorotarayangdouitîyaposhtchimeshthitah :

[XIII. — XXIV.]
Hoshtashyayôgotarashashrobishayashtchoposhtchimôh. [(o.)]

[XVIII. — XXIII — XVII. — VIII.]
18. Djyeshthashroboñomoïtrañangbrihoïshpotyoshyomodhyomah :

[II. — III. — X. — XXVIII.]
Boronyagneyopitrañangrebotyashtchoïbodokhyñah, [(s.)]

[IV. — VII. — XIX. — IX.]
19. Rôhiñyadityomoûlanangpratchisharposhyotchoïbohih : [(E.)]

Yothaprotyoutchoshheshanangshthoûlashyatyôgotarokah.

Les longitudes et latitudes, obtenues avec le cercle de la sphère (astrolabe), sont *apparentes*.

13. Au *dix-septième* [17.] degré de Brish, au sud, se trouve Shokod (le Chariot, ε Tauri); une latitude de *aveugle* (ou 1° et 1/2) [2.] degrés sépare Shokod de Rôhini (Aldébaran).

14. Le coucher et le lever des étoiles s'obtient par les calculs expliqués ci-dessus, ainsi que l'accroissement et la diminution de la durée des jours.

15. La trigonométrie a fait connaître également la position des planètes dans les mansions,

Leurs mouvements rétrogrades, leurs oppositions et leurs conjonctions.

16. Les *Yôgotaras* (étoiles de 28 constellations jointes aux 28 Nokhyottros) des deux Falgounis [XI. — XII.], des deux Bhadropods [XXVI. — XXVII.], des deux Ashadhas [XX. — XXI.], de Bishakh [XVI.], d'Ashjni [I.] et de Shôoumyo [V.] sont placées au nord, suivant l'ancienne tradition.

17. Hashta [XIII.] a une étoile (*tara*[1]) de son Yôg placée à l'ouest, et les autres au nord-ouest.

L'Yôg de Shrobishtcha [XXIV.] est à l'ouest.

18. Les étoiles des Yôgs de Djiyeshtha [XVIII.], de Shroboña [XXIII.], de Moïtra [XVII.] et de Brihoïshpoti [VIII.] sont au milieu;

Celles des Yôgs de Bhoroni [II.], d'Ogni [III.], des Pitris [X.] et de Reboti [XXVIII.] sont au sud;

19. Celles de Rôhini [IV.], d'Aditi [VII.], de Moùla [XIX.] et de Sharpo [IX.] sont à l'est;

Enfin celles des Yôgs des mansions qui restent sont très-brillantes dans ces mansions.

---

[1] Les étoiles sont appelées *tara*, Homère les nomme τείρεα : il dit que sur le bouclier d'Achille on avait représenté toutes les étoiles (ou constellations) qui brillent le plus au ciel. (*Iliade*, XVIII, 485.)

(ε.)   5.
20.   Poûrboshyangbrommorhidoyadoshokoïhpontchobhihshthitoh :

(s.)   3o.
Prodjapotibrishantetchoshŏoumyôshtotringshodongshokoïh.
(н.)   5o.
21.   Opangbotshoshtotchittrayangouttoreshoïshtopontchashbhih. :

2.   16.   (н.)
Brihotkintchidôyôbhagoïrayohshorshbhishtothôttoreh.

Itishrîshoûrdjyoshiddhantemohadjyôtishedhroubo-
bikhyepogrohoyoutiporiggyanadhi-
8.
karŏoushtomoh.

20. Brommorhidoya a, à l'est, vers *cinq* degrés de latitude, une
     brillante étoile (β Tauri ?).

     Prodjapoti brille à *trente* degrés de latitude, au sud, à la fin de
     Brish (Rigel).

21. Opangbol est à *cinquante* degrés, au nord, au commencement
     de Tchittra (le cœur de Charles).

     Brihot, qui a *deux* degrés de moins en longitude, se trouve à
     seize degrés de latitude au nord (Vindemiatrix).

Fin du huitième chapitre de la grande astronomie de Ṣhri Shoûrdjyo
Shiddhanto, dans lequel on fait connaître exactement la longitude
et la latitude des étoiles.

N. B. Les constellations jointes aux Nokhyottros sont au nord, à l'est, à
l'ouest ou au sud de l'étoile radicale de ces Nokhyottros, ou au milieu, c'est-à-
dire sur l'écliptique qui coupe en deux les 27 fuseaux de la sphère, qui sont
les 27 mansions du soleil, de la lune et des planètes.

Les Brammes considèrent encore le globe céleste sous un autre point de vue ; ils disent qu'il n'est qu'une forme de Brommo. Brommo le porte sur son dos ; sa tête est au nord, ses pieds au sud, ses mains à l'est et à l'ouest. Le zodiaque ou l'écliptique lui sert de ceinture. La belle constellation dite *Brommorhidhoya* (Capella) est placée sur son cœur, et s'appelle *le Cœur de Brommo*.

Les chiffres arabes désignent des degrés ou des subdivisions de degrés : on doit les lire en commençant par la droite, à l'exception de ceux qui ne sont pas séparés, car ceux-ci doivent être lus de gauche à droite. Les chiffres romains désignent les mansions ; enfin les lettres entre parenthèses marquent le nord, le sud, l'est et l'ouest. Les chapitres suivants feront mieux comprendre cette notation des astronomes indiens, qui rend leurs ouvrages énigmatiques comme des bandes d'hiéroglyphes ou des pages d'algèbre. Si les orientalistes d'Europe se familiarisent bien avec ce genre de chiffres, ils trouveront au commencement de la plupart des livres indiens, l'année précise de la composition de ces livres cachée sous des mots qui ont chacun une valeur numérique bien déterminée. Chaque auteur, suivant le temps et le lieu, a son ère spéciale ou son époque historique, qu'il a toujours soin d'indiquer avant d'écrire hiéroglyphiquement l'année dans laquelle il écrit et qui s'y rapporte.

J'avertis ici le lecteur que je désignerai par la suite les douze signes du zodiaque solaire et les sept planètes par nos signes de convention. Les Indiens les désignent toujours par la première lettre de leurs noms respectifs.

CHAPITRE III.

Avant de chercher quelles peuvent être les étoiles observées par Shoùrdjyo, il faut savoir l'époque de ses observations. Or c'est ce qu'il est facile de connaître quand on sait
que Shoùrdjyo fixa le commencement de ses divisions sphé-
riques à l'équinoxe du printemps, et le point de l'équinoxe
du printemps au moyen de *Spica Virginis* observée au méridien, à minuit, le jour de cet équinoxe. J'exposerai plus
tard, dans un autre chapitre, quels étaient les instruments
de l'observatoire de Shoùrdjyo, pour avoir les longitudes et
latitudes, la mesure du temps, la longueur des ombres et
la différence des méridiens.

Shoùrdjyo donne l'ascension droite et la déclinaison de
Spica Virginis; c'est de là qu'il part pour fixer le commencement d'Aṣhine et la fin de Reboty. Cette ascension droite et
cette déclinaison sont en même temps ce que Shoùrdjyo
appelle longitude et latitude apparentes, et que M. Biot
appelle longitudes et latitudes obliques [1]. *Spica* ou *Tchittra*
est à 180° de l'équinoxe du printemps; sa déclinaison est
de 2° sud. L'inclinaison de l'écliptique sur l'équateur est de
24°. Ces données suffisent pour connaître l'âge de l'auteur,

[1] Voyez les articles que M. Biot a publiés dans le Journal des Savants,
années 1839, 1840 et 1845.

et trouver sur la sphère le pôle de son temps. En effet, on a un triangle rectangle sphérique dont l'hypoténuse et deux angles sont connus ; on peut donc trouver la valeur des deux autres côtés de ce triangle qui sont la longitude et la latitude véritables de *Spica*, et par suite on peut avoir le moment de cette longitude observée en la comparant à la longitude actuelle de *Spica*, et en divisant la différence par 5o″,1, qui est la précession annuelle du point équinoxial : venons au calcul.

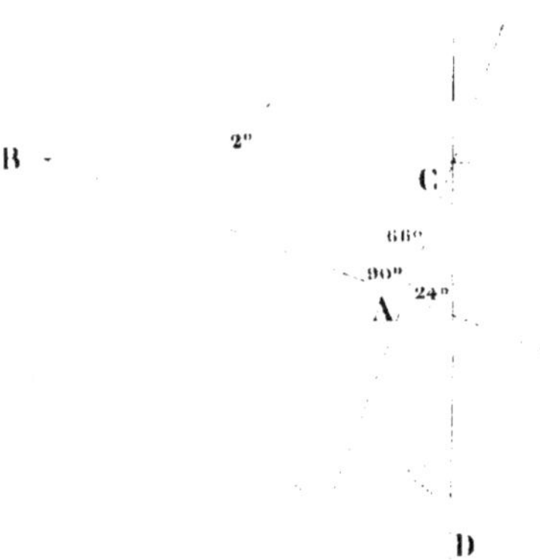

Dans le triangle ABC, BC $= 2°=$ la déclinaison de *Spica*. L'angle A $= 90°$. L'angle C $= 90° — 24° = 66°$. Le côté A C est la longitude cherchée, et le côté AB la latitude ; car l'arc AC représente l'écliptique inclinée de $24°$ sur l'équateur CD. Le côté BC est une section de $2°$ du cercle de déclinaison qui servait à Shoûrdjyo pour trouver la longitude et la latitude des étoiles, et le côté AB est une section d'un grand cercle passant par le pôle de l'écliptique et l'étoile B ; on a donc les deux proportions,

$$R : \sin. BC :: \sin. C : \sin. AB ; \qquad R : \cos. C . :: \tan. BC : \tan. AC.$$

$$\operatorname{Sin} AB = \frac{\sin. BC . \sin. C}{R} \qquad \operatorname{Tang.} AC = \frac{\cos. C : \tan. BC}{R}$$

Et en effectuant ces opérations par les logarithmes, on a
1° pour AC :

Log. tang. BC = 8.5430838
Log. cos. C = 9.6093133
             8.1523971 = 0°48′50″:

ce qui donne à *Spica* une longitude de 180° 48′ 50″. Comparant cette longitude à la longitude de *Spica* en 1830, on a une différence de 20° 39′18″,4, qui convertie en secondes

201° 28′   8″,4 = long. de *Spica* en 1830,
180   48   50
 20   39   18″,4

et divisée par 50″,1, donne 1484 ans 2 mois d'antiquité à Shoûrdjyo, et le place en l'année 346 après J. C.

Mais comme ce résultat suppose que l'obliquité était véritablement de 24° au moment de l'observation, il faut le corriger de quelque chose en rétablissant, maintenant, pour l'année 346 après J. C., le chiffre probable de l'obliquité.

L'obliquité de l'écliptique, au 1ᵉʳ janvier 1830, était de 23° 27′ 41″09 : sa diminution annuelle est de 0″,457 : elle doit donc être augmentée, en 1830, de (0″457 × 1484 =) 11′18″,188 pour l'année 346 après J. C.; et alors elle sera de 23° 38′ 59″,278, au lieu de 24°. En refaisant le calcul ci-dessus, on aura : 1° pour AC,

Log. tang. BC = 8.5430838
Log. cos. C (66°21′01″) = 9.6033004
             8.1463842
= 0°48′10″ = la longitude de *Spica* ;

2° pour AB,

Log. sin. BC = 8.5428192
Log. sin. C = 9.9619025
             8.5047217
= 1°49′55″ = la latitude de *Spica*.

Or 180° 48′ 10″ comparé à la longitude précitée de *Spica* en 1830, donne une différence de 20° 39′ 58″,4 , qui divisée par 50′,1, donne 1485 ans d'antiquité à Shoûrdjyo, et le place exactement en l'année 345 de notre ère.

C'est donc pour cette année qu'il faut accommoder la sphère à pôle mobile, et chercher les Nokhyottros de Shoûrdjyo. Voici deux tableaux synoptiques de toutes les observations de Shoûrdjyo contenues dans le chapitre précédent, avec l'indication des étoiles qui à mon avis ont été observées par lui, il y a 1499 ans, en 1844.

PREMIER TABLEAU

POUR LES ÉTOILES DU ZODIAQUE LUNAIRE IMMUABLE

OBSERVÉES IL Y A 1499 ANS.

N.os d'ordre.	NOMS des nokhyottros.	VALEUR en pieds.	FIN des nokhyottros.	DISTANCE dans la station en mesures de 10 minutes.
1	Aṣbînî.	4	13°20′	48
2	Bhoronî.	Id.	26°40′	40
3	Krittika.	Id.	40°00′	65
4	Rôhinî.	Id.	53°20′	57
5	Mrigshira.	Id.	66°40′	58
6	Ardra.	Id.	80°00′	9
7	Pournoboshou.	Id.	93°20′	78
8	Poushya.	Id.	106°40′	76
9	Oshlesha.	Id.	120°00′	14
10	Moga.	Id.	133°30′	44
11	Poûrbofolgounî.	Id.	146°40′	64
12	Outtorofalgounî.	Id.	160°00′	50
13	Hoshta.	Id.	173°20′	60
14	Tchittra.	Id.	186°40′	40
15	Shâti.	Id.	200°00′	74
16	Bishakha.	Id.	213°20′	78
17	Onouradha.	Id.	226°40′	74
18	Djyeshtha.	Id.	240°00′	14
19	Moûla.	Id.	253°20′	60
20	Poûrbashada. (Éléphant.)	Id.	266°40′	4
21	Outtorashada. (Voïshyo.)	Id.	280°00′	″
22	Abhidjit.	o	″	″
23	Shrobona.	4	293°20′	″
24	Dhonishtha. (Shrobishta.)	Id.	306°40′	″
25	Shotobisha.	Id.	320°00′	80
26	Pourbobhadropod.	Id.	333°20′	36
27	Outtorobhadropod.	Id.	346°40′	22
28	Rebotî.	Id.	360°00′	59

N. B. Chaque quart de mansion s'appelle *pied*, et a un nom spécial et antique tiré des combinaisons de l'alpi[...] sont : 1, o, i, ou, e ; 2, ô, bo, bi, bou ; 3, be, bô, ko, ki ; 4, kou, gho, no, tche ; 5, ke, kô, ho, hi ; 6, hou, he, hé[...] ri ; 13, rou, re, rô, to ; 14, ti, tou, te, tô ; 15, no, ni, nou, ne ; 16, nô, jo, ji, jou ; 17, je, jô, bho, bhi ; 18, [...] sho, shi, shou ; 23, she, shô, do, di ; 24, dou, tho, ri, no ; 25, de, dô, tcho, tchi ; 26, tchou, tche, tch[...] noxe du printemps avait lieu au commencement de Krittika, 1571 ans avant l'ère chrétienne. On les voit exposées d[...] Pouthis. Chaque pied vaut 3°20′. Les quatre pieds d'Ashinî s'appellent tchou, tche, tchô, lo ; de Bhoroni, li, lou[...] est occupé par Mars, c'est comme si l'on disait, Mars est dans le second quart de Bhoroni, ou entre 16°40′ et [...]

VALEUR de distances.	POSITION de l'étoile sur l'écliptique.	LATITUDE de l'étoile.		NOM de l'étoile.	POSITION de l'yog relativement à l'étoile radicale du nokhyottro.
8°	8°	10°	N.	β Arietis.	N.
6°4o′	20°	12°	N.	α Muscæ.	S.
10°5o′	37°3o′	5°	N.	η Tauri.	S.
9°3o′	49°3o′	5°	S.	Aldebaran.	E.
9°4o′	63°	12°	S.	λ Orionis.	N.
1°3o′	68°1o′	16°	S.	α Orionis.	//
13°	93°	6°	N.	β Geminorum.	E.
12°4o′	106	0°	N.	δ Cancri.	Écliptique.
2°2o′	109°	7°	S.	α Cancri.	E.
7°2o′	127°2o′	0°	N.	Regulus.	S.
10°4o′	144°	12°	N.	δ Leonis.	N.
8°2o′	155°	13°	N.	β Leonis.	N.
10°	170°	5°	S.	ψ Virginis.	O. et N. O.
6°4o′	180°	2°	S.	Spica Virginis.	//
12°2o′	199°	37°	N.	Arcturus.	//
13°	213°	0°3o′	S.	ϰ Libræ.	N.
12°2o′	225°4o′	5°	S.	Antarès.	Écliptique.
2°2o′	229°	12°	S.	ε Scorpii.	Écliptique.
10°	250°	9°	S.	δ Sagittarii.	E.
4o°	254°	3°3o′	S.	λ Sagittarii.	N.
//	260°	5°	S.	τ Sagittarii.	N.
//	266°4o′	60°	N.	α Lyræ.	//
//	280°	3o°	N.	α Aquilæ.	Écliptique.
//	290°	36°	N.	α Delphini.	O.
13°2o′	32o°	0°3o′	S.	λ Aquarii.	//
6°	326°	24°	N.	α Pegasii.	N.
3°4o′	337°	26°	N.	ψ Pegasii.	N.
9°5o′	356°3o″	0°	N.	ζ Piscium.	S.

mière mansion est Krittika; la seconde, Rôhini; la troisième, Mrigshira, etc. Les noms des pieds des 27 mansions dou, de, dô; 8, mo, mi, mou, me; 9, mô, to, ti, tou; 10, te, tô, po, pi; 11, pou, sho, no, tho; 12, pe, pô, ro, o, dho; 19, bhe, bhô, djo, dji; ·, djou, dje, djô, kho; 20, khi, khou, khe, khô; 21, go, gi, gou, ge; 22, gô, lou, le, lô. Ces désignations des pieds de chaque mansion ont été établies, disent les Brammes, lorsque l'équi- (page 11 de mon manuscrit), et dans le *Djyôtishtottoh* de Roghounondon, ainsi que dans plusieurs autres Krittika, o, i, ou, e, etc. C'est une notation bien curieuse; ainsi quand on dit dans un livre indien : lou du ciel de. Bayer a mieux fait en désignant chaque étoile par une lettre pour chaque constellation.

SECOND TABLEAU

POUR QUELQUES ÉTOILES DU ZODIAQUE SOLAIRE ET MOBILE
OBSERVÉES IL Y A 1499 ANS.

	LONGITUDE.	LATITUDE.	
Ogoshthyo (fils du Soleil)...	90"	80° S.	Canopus.
Mrigbyadho (canis cervos occidens)	84"	40° S.	Sirius.
Houtbhouk (le feu, *ogni, vonhri,* oblationes consumens.)	50°	8° N.	ɩ du Cocher.
Brommorhidaya (le cœur de Brommo)...............	52°	30° N.	Capella.
Shokod (le chariot).........	47°	3° S.	ε Tauri.
Une étoile brillante de la constellation du Cœur de Brommo, est à...............	58°	5° N.	(Est de Brommo, β Tauri, vers la fin de Brish, à 58° de long.)
Prodjapoti (seigneur, roi)...	60°	30° S.	Rigel (*raja*).
Opangbot (aquosa).........	173°20′	50° N.	Le cœur de Charles.
Brihot (solanum Indicum, vel asclepias)...............	171°20′	16° N.	Vindemiatrix.

OBSERVATION POUR LE PREMIER TABLEAU.

Shoûrdjyo fait connaître la position de chaque étoile
radicale de la sphère, divisée en vingt-huit Nokhyottros,
dont chacun était de 12° 6/7 ; mais pour plus de facilité
dans les calculs, il divise la sphère en vingt-sept Nokhyottros
dont chacun vaut 13° 20′, et il donne pour chaque étoile
radicale de l'ancien système, la distance de cette étoile dans
le Nokhyottro du nouveau système. Comme l'écliptique sur
laquelle les longitudes sont comptées, est divisée de dix

minutes en dix minutes, ou en 2160 parties, la distance
de chaque étoile, à partir de l'origine de chaque Nokhyottro
de 13° 20', est donnée en nombre rond, dont l'unité vaut
dix minutes; et alors on doit diviser ce nombre par six,
pour avoir des degrés.

La latitude est donnée souvent d'une manière inexacte; le
cercle de déclinaison n'était divisé qu'en 360 parties. Les latitudes du nord sont surtout les plus mal observées. Shoûrdjyo
était cependant placé à Shiddhapour [1] dans le pays de Kou-
rou, comme il le dit au chapitre XIII; mais qu'est-ce que
cette ville sainte? est-ce Cassi? est-ce Canouj? je l'ignore.

La réfraction a dû augmenter ou diminuer les latitudes, et
je crois aussi qu'il y a de la négligence dans leur estimation.

On dit parmi les Brammes Pondits [2], que les latitudes
peuvent toujours s'obtenir, parce qu'elles ne changent pas;
que c'est à cause de cette permanence des latitudes que
Shoûrdjyo ne s'est pas gêné pour les avoir exactement.

Cette ingénieuse division de la sphère en vingt-sept fuseaux, est attribuée par Monou (livre IX, shlôks 128 et
129) à Dokhyo, qui veut dire *intelligent, ingénieux*; voici
ses paroles avec la traduction.

Onenotoubidhanenopouratchokrehothopouttrikah :
Bibriddhyorthongshobongshoshyoshoyongdokhyohprodjapotih.
Dodöoushodoshodhormaekoshyopaetriôdosho :
Shômaeradjeshotkrityopritatmashoptobingshoting.

« C'est aussi de cette manière que le roi Dokhyo plaça
jadis ses filles du zodiaque pour augmenter sa race; il en
donna dix à Dhorma, treize à Coshyapo, et au roi Shôma
(le dieu Lunus des Romains) vingt-sept, richement parées
et d'un esprit agréable. » On voit dans le *Kalika-Pourana*

que Dokhyo vivait au commencement du Treta, au temps de
Moyo, qui vivait à la fin de l'âge Krito. Je parle suivant l'opinion des Pouranas, qui placent l'âge Treta et l'âge Doapor
entre Moyo et le Kaliyoug. Tel est le texte de ce vieux Pouthi:

Tretayah prothomebhague djata dokhyoshyo koñyakah :
Shododöou koñyakah shoptobing sholingtcho shoudhangshobe.

«Dans le commencement du Treta naquirent les filles
de Dokhyo, et il donna lui-même vingt-sept de ses filles à la
Lune. »

Le vingt-huitième Nokhyottro, Abhidjit, ne figurait qu'en
compte dans l'antiquité; il avait un pied; on le plaçait avant
Shrobone, en lui donnant une valeur de 3° 20′, et en ré-
duisant Outtoroshada à 10°. Le *Rigvedo* parle souvent de
Koshyopo. Le quatrième *Vedo* nomme les vingt-huit Nokhyottros (*As. Res.* vol. VIII), et met l'origine du zodiaque
lunaire au commencement de la mansion nommée *Krittika;*
c'est l'époque de la formation des mois servant de signes dans
le zodiaque lunaire. Shoûrdjyo ne fait point mention de la
valeur nulle du xxviiie Nokhyottro, quand il dit un mot d'Abhidjit, à cause de l'ancien système, et l'unit à la station précédente. Les vingt-huit Nokhyottros avaient été divisés primi-
tivement en 13° 20′, puis en 13° 11′, en donnant une valeur
séparée de 4° 3′ à Abhidjit; ensuite, augmentant la valeur
d'Abhidjit (4° 3′), on leur donna 12° 6/7 d'étendue à chacun;
et enfin, en comptant Abhidjit pour zéro, on leur donna de
nouveau une valeur de 13° 20′. C'est ce dernier système
que suit Shoûrdjyo; peut-être lui appartient-il.

Lunus est marié à vingt-sept constellations complètes, et à
une incomplète dont ne parle pas Monou. Ces vingt-huit
Nokhyottros ont dû avoir en réalité des grandeurs inégales,
surtout dans les premiers temps de leur formation. Ce n'est

que peu à peu que les Indiens en ont estimé et enfin mesuré
la longueur en degrés, en prenant des moyens termes dans
des sommes de journées lunaires grossièrement observées.
Du reste, on ne voit rien de bien précis pour l'estimation de
ces Nokhyottros avant Shoûrdjyo. On pourrait certainement
soutenir que Shoûrdjyo est le premier qui a ingénieusement
réduit les vingt-huit mansions à vingt-sept, et qui a donné à
Monou l'idée du mariage de vingt-sept filles de Dokhyo avec
la lune masculine; mais ce serait placer Monou après Shoûrdjyo, après l'an 345 de l'ère chrétienne! C'est vrai, et c'est là
son époque au plus, à mon avis; quant à l'opinion contraire,
voyez le Journal des Savants pour 1831, et pesez ses raisons.

OBSERVATION SUR LE SECOND TABLEAU.

Si Bentley avait su que Shoûrdjyo donnait la longitude
et la latitude de huit étoiles assez brillantes du zodiaque
mobile [1], il aurait pu déterminer le commencement d'Aṣhìnì
et connaître l'âge de Shoûrdjyo; mais, d'après ce que j'ai
appris à Calcutta, Bentley ne travaillait que sur ce qui avait
été traduit par les savants Samuel Davis, Sir Jones, et enfin
quelques Pondits, qui le trompaient pour avoir son argent.

Il semble que quelques étoiles de la sphère européenne
ont des noms indiens; que par exemple *Rigel* vient de
raja, qui veut dire *roi;* qu'*Antarès* vient du mot *ontoroh*,
qui le désigne dans le sixième vers du chapitre de Shoûrdjyo

---

[1] Les astronomes qui en auront le temps et les moyens, expliqueront comment en l'an 345 Moyo a pu voir ces étoiles ainsi placées dans les signes
mobiles du zodiaque grec. Le mouvement propre de ces étoiles, la marche
de notre système vers la constellation d'Hercule, et d'autres causes encore
inconnues, rendront ce travail important un peu difficile. Mes recherches à
cet égard m'ont prouvé qu'en effet elles avaient pu être ainsi cataloguées,
d'après des observations pénibles, en l'an 345.

rapporté ci-dessus. Il est évident que les étoiles appelées *Sirius* et *Vindemiatrix* étaient figurées chez les Indiens par un chien et une grande tige de *solanum Indicum*, comme symbole de la vendange.

Les longitudes de ce tableau sont des distances prises sur l'écliptique, à partir du point mobile de l'équinoxe du printemps, du commencement d'Y et d'Așhînî, avec un cercle de déclinaison; les latitudes sont les distances de l'étoile à l'écliptique, comptées sur le même cercle de déclinaison; longitudes et latitudes obliques.

CHAPITRE IV.

DU NOMBRE DES ÉTOILES DE CHAQUE NOKHYOTTRO, ET D'UN PASSAGE DU *BROMMO GOPTO*.

Après Shakolyo je ne connais d'auteur ancien que Shri Poti, qui indique le nombre des étoiles de chaque Nokhyottro : les commentateurs de Shoûrdjio Shiddhanto citent toujours les quatre vers de ce poëte, quand ils veulent compléter son chapitre viii. Je ne peux mieux faire que de les imiter; voici ces vers avec la traduction littérale et des notes numériques.

3.   3. 6.   5.   3.   1.   4.   3.   5.
Vohri-tri-lritî-Shou-goun-endou-krita-gni-bhoûto :

5. 2.   2.   5.   1.   1.   4.   4.   3.
Ban-ashî-nettro-shoro-bhoù-kou-youga-bdi-ramah.

11.   4. 3.   3.   4.   100.   2.   2.
Rhoudra-bdi-rama-gouno-vedo-shoto-doui-yougmo :

32.
Donto-boudhogoditatchokromoshobhotarah.

« Les savants disent que tel est le nombre des étoiles de

              I.   II.   III.   IV.   V.
              3.   3.   6.   5.   3.
chaque Nokhyottro : *feux, trois, saisons, dard, qualités,*

VI. VII.   VIII.   IX.   XI.   XI.
1.   4.   3.   5.   5.   2.
Lune, âge, feux, éléments, flèche, fils d'Ashini (Nashothya

XII.   XIII.   XIV.   XV.   XVI.   XVII.   XVIII.
2.   5.   1.   1.   4.   4.   3.
et Doshra), yeux, flèche, Terre, Terre, âges, mers, Ramas,

XIX.   XX — XXI.   XXII.   XXIII.   XXIV.
11.   4.   3.   3.   4.
Rhoudras (dieux et demi-dieux), mers, Ramas, qualités, Védas,

XXV.   XXVI.   XXVII.   XXVIII.
100.   2.   2.   32.

cent, deux, couple, dents. »

Sir Jones suppose à tort que les Védas n'existaient pas au nombre de quatre, du temps de Ṣhrî Poti, l'auteur du *Rotnomala.* « Il n'y avait, dit-il, que trois Védas dans les premiers temps, lorsque, comme il est probable, les étoiles furent comptées, et ces vers techniques composés. » Je crois que Sir Jones attribue ces vers à Ṣhrî Poti, et fait vivre Ṣhrî Poti dans les temps les plus anciens[1]. Dans ce cas, je serais porté à croire que Sir Jones n'avait pas déchiffré l'âge de ce poëte. On trouve cependant cet âge, désigné de deux manières différentes, au commencement de son poëme. D'abord le voici, à dater du Kalyoug : « Ṣhoshangkonondaṣhîyougueh, *la Lune,* — *le berger Nondo,* — *les fils d'Ashînî,* — *les âges* = 4291 du commencement du Kalyoug, » ce qui équivaut à l'an 1190 de notre ère. L'autre désignation hiéroglyphique est plus difficile à apprécier, car elle date d'une ère que je ne connais pas, et qui commence six cent quatre-vingt-cinq ans av. J. C. Voici les chiffres : « Ṣhoradrivoshịndou, *dard,* — *monts,* — *Voshous* (huit demi-dieux), — *Lune,* » ce qui indique dix-huit cent soixante et quinze ans depuis l'époque dite *Shọlo,* qui est peut-être celle de la mort du roi Shọlivahono. Ṣhrî Ṣhakolyo, auteur du poëme très-ancien qui porte le nom de *Brommo Shiddhanto,* et qui est une imitation de l'astronomie de Shoûrdjyo Shiddhanto, donne les étoiles des Nokhyottros mieux que Poti. Voici ces nombres pour les vingt-huit mansions lunaires : 2, 3, 6, 5, 3, 1, 2, 3, 5, 5, 2, 5, 5, 1, 1,

____
[1] Voyez *Asiatic Researches,* t. II, p. 297.

2, 4, 3, 9, 4, 4, 3, 3, 5, 100, 2, 2, 32. Ils ne diffèrent de ceux de Colebrooke que pour la dix-septième mansion. Le manuscrit de Shakolyo porte au nombre de quatre les étoiles d'Onouradha (17° Nok.), si l'on doit, comme je le crois, interpréter par *quatre* le mot *vedo* qui les désigne.

Les Brammes divisent encore les étoiles des vingt-huit No-khyottros pour douze *nymphes* qui font les honneurs des dou-zièmes parties du zodiaque, qui reçoivent le soleil, la lune et les astres voyageurs, à leur passage dans chaque douzième de leur résidence. Ces nymphes, appelées *Khyettros*, sont des constellations ambulantes comme les signes. Les Brammes considèrent ces douze Khyettros comme douze *idoles* qui changent de place chaque année, en s'avançant, vers l'ouest, de 54″ par an. Ces idoles ou divinités ne sont point fixées à quelque étoile visible dans le ciel, comme les nymphes, qui forment une infinité de constellations dans le zodiaque, au nord et au sud de la sphère.

Il est de foi chez tous les Brammes instruits que les étoiles et tous les astres sont *sous la direction d'un esprit conservateur et conducteur,* auquel ils donnent plusieurs noms, mais qu'ils appellent *Brommo* en dernière analyse, et qui est unique ; mais il est également admis comme de foi, que ce grand conducteur des astres est divisé en autant d'*esprits* (*Debtas*) *conducteurs* qu'il y a d'astres dans le ciel. Ils donnent des bras très-forts à ces Debtas, pour qu'ils puissent transporter les luminaires plus ou moins pesants qui leur sont confiés ; ils leur attachent des ailes aux pieds et aux épaules, afin qu'ils aillent vite, et ils leur supposent *trois yeux* au lieu de *deux*. Un œil est placé à la racine du nez, au milieu du front ; c'est là le signe de leur déifica-tion. Si les hommes n'ont que deux yeux, c'est, disent les Brammes, parce qu'ils sont imparfaits et attachés à la terre; les hommes qui deviennent parfaits reçoivent un œil au milieu du front comme les dieux : cet œil annonce qu'ils considèrent le ciel avant tout et les choses du ciel. Le mot *œil de Debta* veut dire *trois*, comme le mot *œil* veut dire *deux* dans les nombres hiéroglyphiques.

Depuis longtemps les Brammes n'observent plus les étoiles; ils sont en général très-ignorants au sujet des configurations et de la position des constellations. Je ne fais aucun cas des indications données par eux au célèbre Legentil à Pondichéry; ils auraient, sans aucun doute, varié le lendemain, s'il les avait encore consultés. Les Brammes connaissent seulement (et je parle des plus instruits) les principales étoiles de chaque Nokhyottro et de chaque constellation. Ils séparent ces constellations les unes des autres, au moyen de la division idéale des vingt-huit Nokhyottros; ils font même une constellation d'une seule étoile remarquable, en disant que les autres étoiles, visibles et invisibles, qui font partie de cette constellation, ne sont pas désignées dans les livres révélés, et qu'elles sont arbitraires. Aussi on voit une grande variété dans le nombre des étoiles attribuées à chaque Nokhyottro[1] et à chaque constellation.

Il est probable que dans le principe Ashînî n'avait que deux étoiles consacrées aux deux Jumeaux, *Nashothya* et *Doshra* (β, γ du Bélier); α du Bélier était la *co-constellation* (Yôgotara) du premier Nokhyottro. C'est sans doute à cause de cela qu'Ashînî signifie *deux* dans le calcul hiéroglyphique des astronomes indiens.

---

[1] Ici *nokhyottro* désigne une constellation dans le Nokhyottro général de la lune et des planètes, qui est un fuseau de la sphère.

Legentil dit [1] que les Brammes de Pondichéry, qui sont en possession d'une astronomie prétendue révélée, et par conséquent parfaite, ne cherchent plus à apprendre quoi que ce soit qui se rattache à cette science dont ils sont fiers; au contraire ils regardent les astronomes européens comme des enfants, leur science comme médiocre, et leurs instruments comme des objets indifférents. Mon ami, le savant P. Tesson, actuellement directeur du séminaire des Missions étrangères, avait à Pondichéry, en 1830, de belles lunettes astronomiques et plusieurs autres instruments d'optique, qu'il mettait quelquefois à la disposition des Brammes, pour leur faire voir soit les planètes, soit des phénomènes de vision et de couleur; mais jamais il n'aperçut, chez ces apathiques Indiens, des marques d'étonnement, de curiosité ou de satisfaction. Pour eux tout est dans les Védas ou les Shastras; ce qui est ailleurs fait pitié.

Il y a dans Brommo Gopto un passage qui montre comment l'on peut découvrir approximativement, au moyen de la lune, les étoiles fondamentales de chaque Nokhyottro; il est ainsi conçu :

. Otho nokhyottro noyonongshoùkmomohohshot nokhyotrani bisha-khapournoboshourôhinyouttoratroyabhidhananishardoïkobhôganiyo - thabhobhogohshoshimodhyobhoukti (118° 35′ 12″) oshleshardrashàti-bhoronîdjyeshthashotobhishoshoshimodhyobhouktordo (39° 31′ 45″) bhoganishe shani ashînikritikamrigshirahpoushyamoghapoùrbatroyo hoshtotchitranouradhamoûlashrobonodhonishtharebotyatchondromo-dhyobhouktimitong (197° 38′ 45″) bhôganityorthohtenonokhyotro-bhôgahkromoshôlikhyanteyothahobhidjit bhôgoshohitahyothahobhid- jitbhôgoshtoutchokrolipta : 21600. shorbokhyañang.

« Moyen facile de trouver les (principales étoiles des) Nokhyottros : six *Nokhyottros, Bishak, Pournoboshou, Rôhini* et les

[1] *Voyages dans les mers de l'Inde*, t. II, p. 215. 235 et 238

trois *Outtoros*, sont chacun à une distance égale au moyen mouvement et demi de la lune par jour, et occupent une longueur de (118° 35′ 12″); *Oshlesha*, *Arda*, *Shâti*, *Bhoroni*, *Djyeshtha*, *Shotobhisho* sont à une distance égale à la moitié du moyen mouvement diurne de la lune, et valent (39°31′45″); les suivantes, à savoir, *Ashîni*, *Kritika*, *Mrigshirah*, *Pousk̟yo*, *Mogha*, les trois *Pourbos*, *Hoshto*, *Tchitra*, *Anouradha*, *Moûla*, *Shrobono*, *Dhonishtha* et *Reboty* sont visibles à une distance égale au moyen mouvement lunaire, et valent (197°38′45″). Si l'on examine le passage successif de toutes ces étoiles, depuis le commencement jusqu'à la fin, *Obhidjit* viendra à son tour avec la distance qui complète la circonférence entière qui vaut 21,600 minutes. » (Extrait du vol. III, pag. 13 du *Shiddhanto Shirômoni*, et pag. 93 du *Gonitotto Tchintamoni*.)

Maintenant, voyons dans Brommo Gopto quelle est la longitude et la latitude des vingt-huit Nokhyottros (étoiles principales des vingt-huit mansions) : il donne ces nombres-là en degrés et minutes. Il est inutile de rapporter le texte, qui ressemble, pour les chiffres, à ce que l'on trouve dans le huitième chapitre de l'astronomie de Moyo. Voici pour les longitudes : 8°, 20°, 38°, 50°, 63°, 67°, 93°, 106°, 108°, 129°, 147°, 155°, 170°, 183°, 199°, 212°, 224°, 229°, 241°, 254°, 260°, 265°, 278°, 290°, 320 (dans le texte du *Gonitotto Tchintamoni*, il y a 312°), 325°, 337°, 0°.

Les latitudes sont : 10°, 12°, 4° 30′, 4° 30′, 10°, 11°, 6°, 0°, 7°, 0°, 12°, 13°, 11°, 2°, 37°, 1° 20′, 2°, 3° 30′, 8° 30′, 5° 20′, 5°, 62°, 30°, 36°, 0° 20′, 24°, 26°, 0°. Brommo dit de quel côté sont ces latitudes, de sorte que l'on peut réduire toutes ces données en tableau comme suit

Nᵒˢ D'ORDRE.	NOMS des nokhyottros.	LONGITUDE des nokhyottros.	LATITUDE des nokhyottros.	LONGITUDES approximatives indiquées par la lune.	DIFFÉRENCES de la longitude vraie et de la longitude approximative.
1	Oshini.	8°	10° N.	13°10'35"	5°10'35"
2	Bhoroni.	20°	12° N.	19°45'52"	0°14' 8"
3	Kritika.	38°	4°30' N.	32°56'27"	5° 3'33"
4	Rôhini.	50°	4°30' S.	52°42'19"	2°42'19"
5	Mrigshira.	63°	10° S.	65°52'54"	2°52'54"
6	Ardra.	67°	11° S.	72°28'12"	5°28'12"
7	Poúrnoboshou.	93°	6° N.	92°94' 4"	0°45'56"
8	Poushya.	106°	0° N.	105°24'39"	0°35'21"
9	Oshlesha.	108°	7° S.	111°59'56"	3°59'56"
10	Mogha.	129°	0° N.	125°10'31"	3°49'29"
11	Poúrbofalgouni.	147°	12° N.	138°21' 6"	8°38'54"
12	Outtorofalgouni.	155°	13° N.	158° 6'58"	3° 6'58"
13	Hoshta.	170°	11° S.	171°17'33"	1°17'33"
14	Tchitra.	183°	2° S.	184°28' 8"	1°28' 8"
15	Shâti.	199°	37° N.	191° 3'26"	7°56'34"
16	Bishakha.	212°	1°20' S.	210°49'18"	1°10'42"
17	Onouradha.	224°	2° S.	223°59'53"	0° 0' 7"
18	Djyoshtha.	229°	3°30' S.	230°35'10"	1°35'10"
19	Moûla.	241°	8°30' S.	243°45'45"	2°45'45"
20	Poúrbashadha.	254°	5°20' S.	256°56'20"	2°56'20"
21	Outtorashadha.	260°	5° S.	276°42'12"	16°42'12"
22	Obhidjit.	265°	62° N.	280°56'30"	15°56'30"
23	Shrobono.	278°	30° N.	294° 7' 5"	16° 7' 5"
24	Dhonishtha.	290°	36° N.	307°17'40"	17°17'40"
25	Shotobhisha.	320°	0°20' S.	313°52'58"	6° 7' 2"
		312°	. . . .	. . . .	1°52'58"
26	Poûrbobhadropodo.	325°	24° N.	327° 3'33"	2° 3'33"
27	Outtorobhadropodo.	337°	26° N.	346°49'25"	9°49'25"
28	Reboti.	0°	0° N.	360°	0°

D'après ce tableau, on voit que les journées lunaires ou mouvements lunaires n'indiquent pas approximativement la position des 11ᵉ, 15ᵉ, 21ᵉ, 22ᵉ, 23ᵉ, 24ᵉ et 27ᵉ Nokhyottros. Cependant la règle de Brommo Gopto suffisait aux astrologues qui voyageaient dans la Chine et ailleurs pour trouver les étoiles des Nokhyottros, après un demi-jour, un jour et un jour et demi de lune. C'est probablement d'après ces renseignements grossiers que les Chinois ont formé des mansions lunaires inégales en étendue.

Colebrooke (*Asiatic Researches*, t. IX) rapporte d'autres nombres de longitudes et de latitudes des Nokhyottros qu'il attribue à Brommo Gopto, et il dit (p. 325) que l'ouvrage de cet ancien astronome n'était pas à sa disposition. Je conclus de là que Colebrooke alors dormait tant soit peu, en lisant le texte même de Brommo Gopto, qui est rapporté et commenté dans le *Shiddhanto Shirómoní* de Bhashkora, et dans le *Gonitottọ Tchintamoni* de Lokhmidash [1], qu'il cite souvent comme étant à sa disposition l'un et l'autre.

Il est vrai que Lokhmidash ne dresse pas de tableau pour les longitudes de Brommo, et qu'il n'interprète même pas en chiffres ordinaires les chiffres hiéroglyphiques de son auteur. Mais en revanche il dresse un tableau dans lequel il donne les longitudes et latitudes des Nokhyottros d'après Bhashkora, qui a commenté le premier le texte de Brommo Gopto; tandis que Bhashkora avait fait son tableau sans suivre les indications de Brommo, excepté pour la position de *Spica* et le commencement d'*Ashîní*, à trois degrés des équinoxes d'automne et du printemps : car Brommo avait, l'an 500 de notre ère, fixé de nouveau le point équinoxial du printemps par l'observation de *Spica* à 3° vers l'ouest du point observé par Shoùrdjyo Shiddhanto, cent cinquante-cinq ans auparavant. C'est probablement à cet auteur, plus astrologue qu'astronome, qu'on doit l'établissement du Kaliyoug, comme ère chronologique, et la confusion portée dans l'histoire des Indiens par l'introduction de la chronologie fabuleuse de Shoùrdjyo Shiddhanto, qu'il modifia en donnant une chronologie semblable, mais à périodes plus longues encore, afin

---

[1] Cet auteur écrivait l'an 1423 de Shaka ou l'an 1501 de notre ère.

de l'adapter à un nouveau système de révolutions planétaires qu'il propose pour satisfaire aux observations de son temps[1].

C'est donc le tableau de Bhashkora, qui vivait l'an 1072 de Shaka (l'an 1150 de notre ère), que Colebrooke a copié. Les différences des nombres qu'il donne pour le *Brohmo Gopto*[2] et le *Shiddhanto Shirômoni*, dans son tableau général, doivent être attribuées aux copistes de ces deux ouvrages.

Je n'aurais pas parlé de Brommo Gopto, si le savant M. Biot ne m'avait offert, avec sa bonté accoutumée, un exemplaire de son article sur les Naeshatras ou mansions de la lune selon les Hindous. J'ai voulu faire connaître le sens du passage du *Brommo Gopto* qui avait été communiqué par quelque astrologue à Albirouni, et qui a été traduit, par M. Munk, pour M. Biot.

[1] *Asiatic Res.* vol. VIII, p. 235; vol. IX, p. 243.
[2] Commenté par Lokhmidash.

CHAPITRE V.

DES FIGURES DES NOKHYOTTROS.

Les figures des Nokhyottros sont aussi anciennes que les
Nokhyottros eux-mêmes ; je parle des idoles désignées par les
noms des Nokhyottros. Mais ces idoles ne doivent pas être
confondues avec les nymphes qui en ont le soin ; elles sont
dans le zodiaque lunaire, ce que seraient dans le zodiaque
solaire le Bélier, le Taureau, etc. si ces dernières idoles étaient
attachées à une étoile, et n'étaient pas mobiles comme leur
zodiaque.

1° Oshịnî, अश्विनी, vient du mot *oshó*, qui veut dire
cheval ; aussi l'ancien zodiaque lunaire des Brammes, que
l'on trouve dans le sixième volume des *Recherches Asiatiques
de Calcutta*, et qui n'a pas été expliqué jusqu'à présent, re-
présente-t-il Oshinî par la *tête d'un cheval*. Le *Rotnomala*
(*la guirlande de perles*) de Shrî Poti, que je citerai continuellement, dit que la marque d'Oshinî est comme la tête
d'un cheval, *tourongomoukhoshodrishong*. Doshra (β *Arietis*)
est un *homme à tête de cheval*, ou couvert de la tête
d'un cheval sacrifié. C'est le premier et le plus grand des
sacrifices. (*Monou*, chap. V, v. 53.) D'ailleurs les deux Jumeaux qui forment cette mansion sont fils d'une jument et
du soleil.

(*N. B.* Les figures de Poti sont celles qui se trouvent

dans le tome II des *Recherches Asiatiques de Calcutta.*) Voir planche I, n°s 1 et 1′ [1].

2° Bhoronî, भरनी, du verbe *bhri*, nourrir, soigner, aimer, protéger, chérir. C'est l'amour maternel que signifie ce mot. Le zodiaque astronomique et ancien des Brammes représente la maternité par une *poule;* le zodiaque astrologique et moderne de Poti la représente par la figure d'un *pudendum muliebre (yônirhoupong).* Voir n° 2.

3° Krittika, कात्तिका, de *krito*, faire, séparer, éclore. *Six poussins* qui viennent d'éclore en brisant leurs coques sont le symbole de l'étoile de la mansion; je parle de cette étoile radicale dont Shoûrdjyo donne la longitude et la latitude. Poti peint un *rasoir.* Ces deux constellations sont appelées la Poule et les Poussins à la côte de Coromandel (*poulloulou-codou*). Voir n°s 3 et 3′.

4° Rôhinî, रोहिनी, de *rouho*, ramper, serpenter, monter. Un *serpent* ou une espèce de poisson qu'on appelle *rouhi*, parce qu'il rampe comme un serpent, est la figure de la mansion. D'après Poti, c'est un *chariot* dont les roues rampent, serpentent et montent; mais je crois que cet auteur a confondu la figure d'Aldébaran avec celle d'ε du Taureau, car la figure d'ε est vraiment un chariot (*shokod*). Les Brammes disent qu'il arrive beaucoup de malheurs sur la terre quand la lune coupe ce chariot en deux; elle le coupe en deux quand elle passe entre Rôhinî et ε du Taureau, qui sont aux extrémités du timon bifurqué de ce char. (Voir n°s 4 et 4′.)

5° Mrigshira, मृगशिरा, de *mrig*, cerf, et de *shirosh*, tête.

---

[1] Les numéros simples renvoient aux figures anciennes des Brammes; les autres, accompagnés d'une prime ou minute, se rapportent aux figures de Poti d'après Sir Jones.

Une *tête de cerf* est la marque de la mansion. D'après Poti c'est aussi une *tête de cerf* ornée de son bois (*mathoïnashyôttomanguenotouliong...*) Voir n⁰ˢ 5 et 5′.

6° Ardra, श्राद्रा, *ardra*, humide, liquide, aquatique. Une *tortue* ou une *grenouille* en est le signe; c'est une *pierre précieuse*, diaphane, transparente comme l'eau, qui est la figure d'après Poti. (Voir n⁰ˢ 6 et 6′.)

7° Pournoboshou, पुनर्बसु, de *pourno*, nouvelle, et de *boshou*, habitation. Un *vaisseau* est le signe de la mansion; d'après Poti c'est une *maison*. (Voir n⁰ˢ 7 et 7′.)

8° Poushya, पुष्या, de *poush*, élever en l'air, étendre. Une *voile* élevée en l'air et tendue est le signe du Nokhyottro. Poti le représente par une *flèche* qui vole. (Voir n⁰ˢ 8 et 8′.)

9° Oshlesha, श्र्लेषा, d'*oshlesha*, désunion, section, tronçon. La *tête coupée d'un dragon* est la figure de la mansion; un *plat rond* est la figure d'après Poti. C'est à la tête de cette hydre que finit le mois de Pöoush, et que commence et finit le zodiaque, représenté par un serpent qui mord sa queue. Enfin, de là les Mitras zodiacaux, avec lion et serpent combinés de mille manières superstitieuses. (Voir n⁰ˢ 9 et 9′.)

10° Mogha, मघा, de *mogh*, s'agiter, gesticuler. Les habitants des forêts placées à l'est du Brommopoutro, qu'on appelle *Barampouter* en Europe, sont sauvages et gesticulateurs comme des singes; on les appelle *Moghs* à cause de cela. Ce sont probablement les anciens indigènes du Bengale. La figure du Nokhyottro est un *singe*; Poti la représente par une *maison*. (Voir n⁰ˢ 10 et 10′.)

11° et 12° Poûrbofolgouñi, पूर्वफाल्गुनी, de *pourbo*, premier, de *folgouñi*, le fruit par excellence, la sainteté, la vertu, comme l'explique Omorosingh par le synonyme *to-poshyah* dans son Dictionnaire. Or rien n'est supérieur à la vache et au taureau sous tous ces rapports. Aussi Monou (chap. XI, vers 78 et 79) compare-t-il la vache au Bramme; ce sont les premiers fruits de la terre, les premières créatures du monde. La station est donc consacrée à la Vache qui précède la suivante (*outtoro*), qui est consacrée au Taureau. Poti représente ces deux Nokhyottros par *deux lits*. (Voir nᵒˢ 11, 12, et 11′, 12′.)

13° Hoshta, हस्ता, de *hoshto*, main, trompe d'éléphant. Une *tête d'éléphant* avec sa trompe figure la mansion; d'après Poti c'est une *main* qui la représente. (Voir nᵒˢ 13 et 13′.)

14° Tchittra, चित्रा, de *tchittrah*, couleur variée, bariolée, bigarrée. Un joli *léopard* qui s'appelle *tchito*, à cause de la variété de ses couleurs, est le signe du Nokhyottro. Poti indique une *perle*. (Voir nᵒˢ 14 et 14′.)

15° Shâti, स्वाति, de *shon*, siffler, et d'*oto*, se mouvoir. Un *serpent* qui s'agite en sifflant est la figure de la mansion. Un morceau de *corail* est indiqué par l'astrologue Poti. (Voir nᵒˢ 15 et 15′.)

16° Bishakha, विशाखा, de *bishosh*, tuer, immoler, sacrifier. La *tête coupée d'un buffle* est le signe de la mansion. De grands sacrifices de buffles, d'horribles tortures sont très-méritoires, disent les Brammes, pendant la fête de Tchorok, qui tombe au commencement du mois de Bishakh ou à la fin de Tchoïttro. Cette fête cruelle et solennelle est dédiée à Siva le mutilateur, afin qu'il détourne les influences de Moïssassour, et de tous les Debtas ses adhérents, condamnés comme lui à des peines éternelles. Poti représente cette mansion par une *guirlande de feuilles;* c'est ce qu'on passe au cou des buffles que l'on va sacrifier, et des pénitents publics qui vont se faire percer la langue, les reins, les jambes, les bras, et se faire pendre par la peau du dos, ou se faire tourner en l'air à l'extrémité d'un balancier. (Voir n°s 16 et 16'.)

17° Onouradha, अनुराधा, d'*onouradho,* faire un cercle, faire la roue, être beau. Un *paon* qui fait la roue est le signe de ce Nokhyottro. Poti dit que c'est un sacrifice aux dieux qui est le signe. Ce sacrifice devrait être représenté par un *plat* chargé de riz, de fruits, de miel, de sucre et de fleurs arrangés en pyramide ou en hémisphère. Cela est beau et bon pour les Brammes. (Voir n°s 17 et 17'.)

18° Djyeshṭha, ज्येष्ठा, de *djesh,* marcher, courir, sauter. Un jeune *chevreau* qui court et saute est le signe; d'après Poti c'est un beau *pendant d'oreille* qui est toujours en mouvement. (Voir n°s 18 et 18'.)

19° Moûla, मूला, de *moul,* racine, origine, queue. Un *lion* ou un *tigre* qui a la queue élevée est la figure de la mansion. Poti peint seulement la *queue* d'un lion. (Voir n°s 19 et 19'.)

20°, 21° Poûrbashaḍha, पूर्बाषाढा, de *pourbo,* premier, d'*osho,* cheval, et d'*odo,* manger, premier mangeur de cheval. Un *lion* représente la mansion. Outtorashaḍha, d'*outtor,* second, etc. Une *lionne* représente cette autre station lunaire. Poti représente la première mansion par un *lit,* et la seconde par une belle *dent* d'éléphant. Outtoroshaḍha a deux pieds (6°40') dans Pourbashaḍha. (Voir n°s 20, 21, et n°s 20', 21'.)

Ces deux stations sont encore représentées par un *éléphant:*

d'après Shoûrdjyo Shiddhanto, Pourbashadha se trouve à 40′ du commencement; Outtorashadha, à 6° 40′. On trouve en effet la figure d'un éléphant à cette place dans le zodiaque lunaire des Brammes, et aussi, comme Shoûrdjyo le dit, Abhidjit est à la fin de l'éléphant; mais dans la planche J. Moses rapporte Abhidjit avant l'éléphant.

Un *Bramme* représente Abhidjit, qui est un demi-dieu; Poti peint à sa place *trois empreintes* du *pied* de Vishnou, en faisant venir *abhidjit* d'*obhidjan*, qui veut dire *marque*, *empreinte*.

Abhidjit est réellement le vingt et unième Nokhyottro; car il est au commencement de la mansion propre d'Outtoroshada. (Voir n°s 22 et 22′.)

22° Shroboña, अवणा, de *shrobo*, verser doucement, faire dégoutter. Un *Bramme solitaire*, qui fait tomber goutte à goutte l'eau d'une plante représente la mansion. Poti peint le *noyau* de la plante aquatique dite *trapa bispinosa*. Le mot *stringatoko* veut dire fontaine artificielle ou jet d'eau acide, ou *trapa bispinosa*. C'est par ce mot que la figure de la mansion est désignée chez lui. Du reste, le solitaire tient l'autre bout de la plante aquatique à la main gauche. C'est probablement ce qui a frappé Poti, et l'a déterminé à indiquer le *trapa bispinosa*. (Voir n°s 23, 23′.)

23° Dhonishṭha, धनिष्ठा, de *dhono*, produire, et d'*ishton*, considérablement, davantage. Cette mansion s'appelle encore Shrobishṭa, de *shrobo*, verser, faire dégoutter avec abondance. Ainsi, un *Bramme* qui verse de l'eau d'un vase avec plus d'abondance que le *Bramme* précédent, représente la station. Poti, qui considère l'abondance ou la richesse, *dhono*, comme quelque chose d'enflé, de vain comme l'air comprimé dans un tambour, qui fait cependant du bruit, et même plus de bruit que ce qui est solide et réel, représente Dhonishtha par un *tambourin*. Ces deux mansions peuvent s'appeler *premier* et *second Shroboña*, d'autant plus que Dhonishtha a un pied (3° 20′) dans Shroboña. (Voir n⁰ˢ 24 et 24′.)

24° Shotobhisha, शतभिषा, de *shoto*, cent, et de *bisho*, maladie effrayante. On dit que les maladies qui règnent dans ce mois-là sont incurables comme la rage; Danǫantari, le médecin des dieux, ne pourrait lui-même guérir les malades pendant ce Nokhyottro *néfaste*. Poti représente cette mansion par un *joyau* circulaire. Les Brammes la représentent par un *chien* enragé ou attaqué d'une maladie incurable et effrayante. (Voir n⁰ˢ 25 et 25′.)

25°, 26° Poûrbobhadropod, पूर्ब्भाद्रपद, de *pourbo*, premier; de *podo*, pied, place; de *bhodro*, taureau, vache. Outtorabhadropod, d'*outtor*, deuxième, etc. Un *taureau* et une *vache* sont les figures de ces deux stations; Poti les représente par un *homme à deux têtes* et par un *lit*. (Voir n⁰ˢ 26, 26′, 27 et 27′.)

27° Rebotî, रेवती, de *rebho*, meugler. La mansion est figurée par la *tête d'un monstre* qui a la gueule ouverte comme une vache qui beugle. Ce monstre ressemble au rhinocéros. Poti représente la station par un *tambourin*. (Voir n⁰ˢ 28, 28′.)

Les figures des vingt-huit co-Nokhyottros et des douze Khyettros du zodiaque solaire sont représentées (n° 29) dans le même zodiaque général des Brammes, qui m'a fourni les vingt-huit figures des Nokhyottros; mais il est difficile de les distinguer les unes des autres sans un travail grammatical, long et ennuyeux. Ces soixante-huit figures étaient placées,

à la manière des astrologues indiens, autour d'un mannequin (n° 3o), et elles ont été relevées de là pour être placées
dans une planche; mais, malheureusement, celui qui a fait
ce travail, l'a fait sans garder l'ordre des figures dans le zodiaque circulaire; il s'est contenté de les numéroter au fur
et à mesure qu'il les détachait des pieds, des bras, de la
tête, etc. du mannequin. Du reste, je donne l'ordre dans
lequel elles étaient autour de ce mannequin. On peut avoir
une idée des figures des co-Nokhyottros et des Khyettros,
si l'on examine en même temps la planche où elles sont
toutes peintes, et dont je suis les numéros.

Il ne faut pas confondre ces figures de Khyettros avec les
nymphes dites *Khyettros;* car ces figures sont exactement la
représentation de nos douze signes, qui ont été communiqués aux Brammes par les Grecs à une époque qu'on ne
peut préciser. Le mot *khyettro,* क्षेत्र, vient de *khyet, travail
champêtre, labourage,* et veut dire *signe du laboureur, douzième
du zodiaque, constellation.* Ces douze idoles, dites *Khyettros,*
étaient des groupes d'étoiles qui avertissaient les laboureurs
pour leurs travaux, par leur apparition dans diverses saisons et à certaines hauteurs, après le coucher du soleil.
Mais quand la précession eut dérangé ces douze signes des
laboureurs, relativement aux saisons, il fut nécessaire de
les détacher de leurs étoiles, et de les faire rétrograder
comme l'équinoxe du printemps, qui était le point de départ des premiers Khyettros : de sorte que maintenant ces
Khyettros ne sont attachés à aucune étoile d'une manière
fixe; ils sont sous la conduite de douze nymphes, dites aussi
Khyettros, qui commandent à toutes les étoiles de chaque
douzième du zodiaque où elles se trouvent momentanément.

Les figures des Nokhyottros portent, dans le zodiaque général des Brammes[1], les numéros 47, 46, 45, 44, 37, 36, 35, 58, 57, 55, 54, 52, 65, 64, 63, 62, 27, 26, 25, 24, 23, 22, 17, 16, 15, 14, 5, 4, 3. Le numéro 22 appartenait à un co-Nokhyottro ancien, avant la réduction des vingt-huit Nokhyottros primitifs en vingt-sept nouveaux, par Shoûrdjyo Shiddhanto, l'an de J. C. 345.

[1] Voyez le VIe vol. des *Recherches Asiatiques de Calcutta*, p. 196.

CHAPITRE VI.

DES DIVERSES FIGURES ET DES NOMS DES SIGNES DU
ZODIAQUE LUNAIRE, ET DE QUELQUES POINTS ASTRO-
LOGIQUES.

Les Brammes donnent plusieurs noms mythologiques à
chaque signe du zodiaque solaire et du zodiaque lunaire.
Ces signes reçoivent en conséquence, de la main du
peintre, des formes diverses et variées comme leurs noms.
Tantôt ces constellations sont peintes sous la forme d'hommes, de guerriers armés de pied en cap, de femmes ayant
les bras étendus, de bayadères, d'hommes à tête d'oiseau,
de serpent, de bœuf, de chien; tantôt sous la forme d'animaux de toute sorte. Mais toutes ces figures, qui paraissent
aux profanes être le fruit du caprice, ont un sens différent
pour l'astrologue, et rendent une idée distincte, qui est
faste ou *néfaste*. Ainsi dans l'Almanach bengali de l'année
1837, on voit à la page 81 un zodiaque dédié à Jupiter,
qui a, sur vingt-huit signes lunaires, neuf signes peints en
animaux, huit en bayadères, huit en hommes, et trois en
objets inanimés. Jupiter (*Brihoshpoti*) est assis sur un lotus
épanoui au milieu de cette assemblée de constellations et des
douze signes du zodiaque solaire. L'auteur de l'Almanach dit:
« Vous saurez que les neuf animaux qui environnent le trône
de Jupiter sont un âne, un éléphant, un cheval, un bouc,
un chacal (petit loup ou gros renard), un lion, un corbeau,
un paon et un canard. » Le peintre ou l'imprimeur n'a pas

gardé le même ordre; mais cela ne tire pas à conséquence, disent les Brammes; car il n'y a que ce qui est écrit qui fasse foi, s'il est conforme aux livres sacrés de l'astrologie. Voici ce double zodiaque (n° 31).

Les Indiens ont une foule de livres astrologiques; mais ces livres ne jouissent pas de la même autorité. On n'en considère que treize comme authentiques, anciens et très-bien écrits en sanscrit; leurs noms sont désignés dans cette espèce de canon en quatre vers techniques :

1. 2. 3.
Dîpica Radjomartonde totha Bîmoporakromong :
4. 5. 6. 7.
Horogòrî Shombadeno totha Tòkoño Bashitong.
8. 9. 10. 11.
Byoharo Ròtchonoshtchoïbo Rotnomala Bibhoûshitoh :
12. 13.
Obhisha Krishtomalatchokriyoteshashtromôttomong.

L'astrologie est en grande considération chez les Orientaux; on la confond avec l'astronomie, ou plutôt on regarde l'astrologie comme la maîtresse, et l'astronomie comme la servante. On ne s'occupe d'astronomie qu'à cause de l'astrologie, de laquelle vient le bien et le mal, qui règle tout dans la vie, qui est le seul moyen de corriger la mauvaise fortune, de maintenir la bonne dans le même état, et enfin qui est le soutien de toutes les religions idolâtres.

Le *Rotnomala* (le dixième du canon précité) est l'ouvrage de Poti; Sir Jones et Colebrooke, comme je l'ai dit dans les chapitres précédents, s'en servaient quelquefois. J'ai fait connaître l'âge de cet auteur. Les Brammes prétendent que les autres ouvrages astrologiques qui le précèdent dans le canon, sont bien plus anciens. Colebrooke rapporte au commencement de son *Lilavati*, que le docteur W. Hunter avait appris des Brammes d'Oujeïn que le *Radjomartondo* (le second du canon) avait été composé à la cour d'un roi Bhoja, qui vivait à Oujeïn l'an 1042 de notre ère, et protégeait les savants. Le *Dîpica* [1], m'ont dit les Brammes de l'académie de Nodyah, a été révélé aux hommes il y a des millions de millions d'années : c'est le premier livre astrologique.

Ce qui est certain, c'est que l'on trouve dans ces livres astrologiques des traditions très-anciennes, qui expliquent l'idolâtrie et les monuments de plusieurs peuples qui n'existent plus; aussi je renvoie les curieux au premier chapitre du *Radjomartondo*, pour les *noms, formes* et *figures diverses* que l'astrologie attribue à chacun des vingt-huit Nokhyottros. On voit aussi dans ce premier chapitre, que ces Nokhyottros sont régis par des divinités spéciales; Colebrooke les a fait connaître dans sa Table des constellations. (Voir le IXe vol. des *Rech. Asiatiques*.) Le *Djatopotaki*, autre ouvrage classique d'astrologie et d'astronomie, donne la liste des divinités et des choses qui dominent dans chaque mansion. Voici cette liste : 1° *Oshi*, les deux enfants jumeaux d'O-shîni (ce sont deux médecins : la médecine domine dans la mansion); 2° *Yomo*, la mort, ou *Yomo*, le grand juge des morts; 3° *Vonhi*, le feu; 4° *Brommo;* 5° *Shoshi*, la lune; 6° *Shivo;* 7° *Oditi*, divinité, mère de douze demi-dieux; 8° *Dji bo*, Jupiter; 9° *Shorpo*, les serpents; 10° *Pitris*, les premiers hommes, qui demeurent dans la lune; 11° *Yôni, pudendum muliebre;* 12° *Ordjyomo*, les ancêtres; 13° *Shoûrdjyo*, le soleil; 14° *Toshtri*, l'artiste des dieux; 15° *Bayou*, l'air; 16° *Shokro* et *Agni*, Indra et le feu; 17° *Mitro*, le soleil; 18° *Shokro*, Indra; 19° *Rakhyosh*, un démon; 20° *Toyo*, l'eau; 21° *Bishp*, les dix demi-dieux auxquels on sacrifie pour le soulagement

[1] Celui qui porte ce nom maintenant n'est probablement qu'une imitation ou un abrégé de l'ancien, à l'usage de l'académie de Nodiah.

des morts; 22° *Biringui*, le créateur de tout; Brommo ou Brommo, Vishñou, Shiva, compris dans le *Trimourti* (Poti a plutôt représenté l'idée de *Biringui* par *trois empreintes de pied*, que le sens d'*Obhidjit*, qui veut dire demi-dieu); 23° *Hori*, Vishñou; 24° *Bitto*, l'abondance produite par les huit Voshous; 25° *Boroune*, Neptune; 26° *Odjopod*, hermaphrodite (Poti a encore plutôt représenté cette divinité moitié mâle, moitié femelle, que le sens du nom antique du Nokhyottro); 27° *Ohirbrodhno*, le dieu Shiva, dont la tête est hérissée de serpents; tête de Méduse ou d'un Roudra qui lui ressemble; 28° *Poûshon*, le soleil.

Avant de passer aux signes du zodiaque solaire, voici les noms des vingt-sept co-constellations, dont les figures se trouvent à la fin du chapitre précédent[1] avec celles des douze Khyettros. 1° Bishkoumbho; 2° Prîti; 3° Ayoushmon; 4° Shöoubhagyo; 5° Shôbhono; 6° Otigondo; 7° Shoukorma; 8° Dhriti; 9° Shoùlo; 10 Gondo; 11° Briddhi; 12° Dhroubo; 13° Byaghat; 14° Horshon; 15° Bojro; 16° Oshrik; 17° Byotipat; 18° Borian; 19° Porigho; 20° Shibo; 21° Shadhyo; 22° Shiddhi; 23° Shoubho; 24° Shoukro; 25° Brommo; 26° Indro; 27° Boïdhriti.

Ces co-constellations reçoivent, outre les figures que désignent leurs noms propres, des formes de toute sorte. Les *Yôgs* sont d'autres divinités, purement astrologiques, qui se promènent dans les mansions lunaires, suivant des règles fixes qui sont exposées amplement dans les Shastras, et surtout dans le *Rotnomala* de Poti. Ces Yôgs reçoivent aussi des figures variées à l'infini. Leurs noms propres sont : 1° Anondo; 2° Kalodondo; 3° Dhoumra; 4° Prodjapoti; 5° Shöoumyo; 6° Dhongsho; 7° Dhodjo; 8° Shribotsho;

____
[1] N° 29. pl. 1

9° Bojro; 10° Moudgoro; 11° Tchottro; 12° Moïttro; 13° Manosho; 14° Podmo; 15° Lombouko; 16° Outpato; 17° Mrityou; 18° Kaloh; 19° Shiddhi; 20° Shoubho; 21° Amrito; 22° Moushoulo; 23° Godo; 24° Matongo; 25° Rakhyosh; 26° Tchoro; 27° Shthiro; 28° Provorddho.

Les vingt-huit Nokhyottros sont souvent représentés par vingt-huit serpents, ou un serpent énorme qui, au lieu des figures, porte les numéros des vingt-huit mansions sur ses plis; par des carrés magiques, et de mille autres manières. Les zodiaques lunaires suivants (A, B, C, D), et ceux des nos 32, 33, 34, 35, 36, dans la planche I, sont tirés du *Shotkritomoûktaboli*.

A

13	15	5	1	22	8	27	17	7	Signes des dieux : très-bons.
6	4	12	21	26	2	11	20	25	Signes des hommes : bons.
18	9	16	19	24	23	3	14	10	Signes des diables : néfastes.

B

1	6	7	12	13	18	19	24	25
2	5	8	11	14	17	20	23	26
3	4	9	10	15	16	21	22	27

C

1	2	3	4	5	6	7	8	9
10	11	12	13	14	15	16	17	18
19	20	21	22	23	24	25	26	27

D

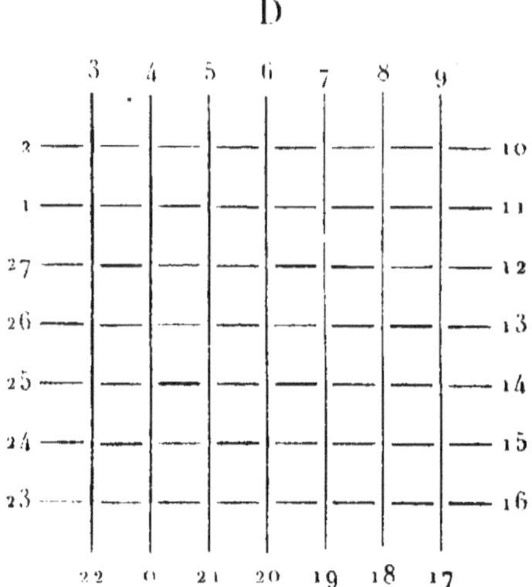

Chaque journée lunaire est sous l'influence de deux divinités plus ou moins propices, qu'on appelle *Koroños*. Ces divinités sont au nombre de onze, et s'appellent Bovo, Balovo,
Kŏoulovo, Toïtilo, Goro, Bonidjo, Bishti, Shokouni,
Tchotoushpodo, Nago, Kinthoughno. Ce n'est pas tout; les
jours lunaires, les *Tithis*, sont des divinités, au nombre de
trente, qui ont des influences et des figures particulières;
quinze d'entre elles président aux jours de la lunaison
blanche pendant douze mois de quinze jours; les quinze
autres président aux jours de la lune noire pendant douze
mois également de quinze jours; de sorte que l'année est
composée de vingt-quatre divisions, présidées encore par
vingt-quatre divinités très-spéciales. La lunaison blanche
(*Shouklopokhyo*) commence à la nouvelle lune, et la lunaison noire (*Krishnopokhyo*) à la pleine lune. Le mois lunaire
est toujours divisé ainsi en deux parties distinctes; de sorte
que l'on peut dire que le mois est de quinze jours, comme

l'avaient observé les savants de l'expédition d'Alexandre.
«Ceux qui demeurent dans les villes, rapporte Quinte-Curce
(liv. VIII, 31), connaissent les usages, savent, dit-on, très-
bien observer les mouvements des astres, et prédire l'avenir;
ils font les mois de quinze jours, et ils mesurent exactement la longueur de l'année [1]. C'est par le cours de la lune
qu'ils marquent le temps; ils partent, non de la pleine lune,
comme plusieurs, mais de la nouvelle lune. »

La figure ci-jointe, qui a été faite par un Pondit, explique tout cela.

[1] L'année était peut-être luni-solaire comme maintenant; alors on y ajoutait quelques jours supplémentaires; et dans certains mois on supprimait,
on ajoutait ou l'on doublait un jour, afin de limiter chaque mois par une
nouvelle et une pleine lune.

अथ आक...

	वैशाख	ज्यैष्ठ	आषाढ़	श्रावण	
शुक्लपत्तः ☽	वड़ ६ ***** ◠	●	वड़ ८ ******* ◠	●	व...
	१५ ... १५	१५ ... १५	१५ ... १५	१५ ... १५	
कृष्णपत्तः ●	●	वड़ १९ ********* ******** ◠	●	वड़ २१ ********** ********* ◠	
प्रतिदिनं	पूर्व्व १ पर् २	पूर्व्व ३ पर् ४	पूर्व्व ५ पर् ६	पूर्व्व ७ पर् ८	पूर्व्व...

ZODI...

DANS LEQUEL SONT REPRÉSENTÉES LES (PRINCIPALES ÉTO...

Nombre des principales étoiles.. ☽ Lune blanche. (Shouklopokhyo.)	6 ****** ◠	. . . . ●	8 ******* ◠	. . . . ●	**...
	(1ᵉʳ mois) 15 Boïshakh. (2ᵉ mois) 15	(4ᵉ mois) 15 Djoïshtyo. (3ᵉ mois) 15	(5ᵉ mois) 15 Ashar. (6ᵉ mois) 15	(8ᵉ mois) 15 Shravon. (7ᵉ mois) 15	(9ᵉ ... B... (10ᵉ...
Nombre des principales étoiles .. ● Lune noire. (Krishnopokhyo.)	. . . . ●	19 ********* ******** ◠	. . . . ●	21 ********** ********* ◠	. . .

Le mois de la lune blanche commence (*poûrbo*), le mois de la lune noire suit (*porh...*

रे: व्यवस्था: ॥

	वड़ १२		वड़ २		वड़ ४	
⦿	*********** ☽	⦿	** ☽	⦿	**** ☽	⦿
१५ प्रिबन १५	१५ कार्त्तिक १५	१५ श्राग्रहायण १५	१५ पौष १५	१५ माघ १५	१५ फाल्गुन १५	१५ चैत्र १५
वड़ २३ ***** ***** ☽	⦿	वड़ २५ *********** *********** ☽	⦿	वड़ २७ *********** *********** ☽	⦿	वड़ १७ ********* ******* ☽
...१ पर् १२	पूर्व्व १३ पर् १४	पूर्व्व १५ पर् १६	पूर्व्व १७ पर् १८	पूर्व्व १९ पर् २०	पूर्व्व २१ पर् २२	पूर्व्व २३ पर् २४

...UEL,

...ES DE CHAQUE SIGNE POUR LES (24) MOIS (DE 15 JOURS).

	12		2		4	
...... ⦿	********* ☽	.... ⦿	** ☽	.... ⦿	**** ☽	.... ⦿
...ois) 15 ...in. ...ois) 15	(13ᵉ mois) 15 Kartik. (14ᵉ mois) 15	(16ᵉ mois) 15 Agrohayoun. (15ᵉ mois) 15	(17ᵉ mois) 15 Pòoush. (18ᵉ mois) 15	(20ᵉ mois) 15 Magh. (19ᵉ mois) 15	(21ᵉ mois) 15 Falgoun. (22ᵉ mois) 15	(24ᵉ mois) 15 Tchoïtro. (23ᵉ mois) 15
...3 ****** ***** ☽	⦿	25 ********** ********** ☽	⦿	27 ********** ********** ☽	⦿	17 ******** ******* ☽

NOMS DES TITHIS OU JOURS DES MOIS, ETC.

JOURS DE ● N. L.		QUALITÉS.	JOURS DE ○ PL. L.		QUALITÉS.
1	Protipot.	Faste (*bhalo*).	1	Protipot.	Faste.
2	Doitîya.	F.	2	Doitîya.	F.
3	Tritîya.	F.	3	Tritîya.	F.
4	Tchotourthî.	Néfaste (*kharap*).	4	Tchotourthî.	Néfaste.
5	Pontchomî.	F.	5	Pontchomî.	F.
6	Shoshthî.	N.	6	Shoshthî.	N.
7	Shoptomî.	F.	7	Shoptomî.	F.
8	Oshtomî.	F.	8	Oshtomî.	F.
9	Nobomî.	N.	9	Nobomî.	N.
10	Doshomî.	F.	10	Doshomî.	F.
11	Ekadoshî.	Moyen (*mishro*).	11	Ekadoshî.	Moyen.
12	Doadoshî.	M.	12	Doadoshî.	M.
13	Triyôdoshî.	F.	13	Triyôdoshî.	F.
14	Tchotourdoshî.	M.	14	Tchotourdoshî.	M.
15	Poûrnima. ○	F.	15	Omaboshya. ●	N.

N. B. Les éclipses de lune sont fastes; celles de soleil sont néfastes.

Toute cette doctrine astronomique est longuement expliquée dans le *Djotish Nirnoë*, le *Shotkritomoûktaboli*, le *Sharshomgor*, etc. etc.

Comme les éclipses de soleil étaient très-néfastes, les anciens ne manquaient pas de les observer, et d'en faire mention dans leurs histoires *ad rei memoriam*.

Voici les noms des divinités des huit principaux côtés du monde et leurs influences.

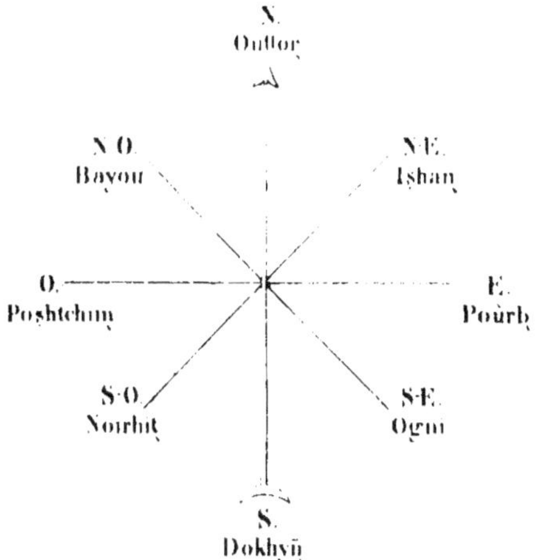

Le samedi et le lundi, Poùrb et Ogni, néfastes.

Le mardi et le mercredi, Outtor et Ishan, néfastes.

Le jeudi, Dokhyn et Noïrhit, néfastes.

Le dimanche, Poshtchim et Bayou, néfastes.

Le vendredi, tous les côtés sont fastes.

L'Indien examine bien toutes ces décisions de l'astrologie avant de sortir de chez lui, ou de commencer un voyage. Si les Anglais l'ont vaincu, ainsi que les Musulmans, à Plassey et dans mille autres combats, c'est que les rajahs et nababs méprisaient ou ne suivaient pas ces prescriptions. Il est certain parmi les Brammes que lord Clive était battu à Plassey, si le général Mohonlal ne s'était pas retiré malgré lui, et d'après les ordres du nabab, vers un côté du monde qui ce jour-là était néfaste.

Colebrooke a fait connaître, d'après Voraho Mihiro, les trente-six Drekhyanos qui président aux 360 degrés de l'écliptique, partagée en portions de 10 degrés pour chacun. Ces Drekhyanos sont le Soleil, la Lune, Mars, Mercure,

Jupiter, Vénus et Saturne[1]. Les 10 degrés assignés au soin de chacun d'eux sont encore divisés en plusieurs portions auxquelles président d'autres divinités. Il n'y a pas un côté du monde, une heure, ni même une minute dans le jour, qui ne soit sous l'influence d'une divinité particulière; de sorte que les astrologues ont toujours des raisons à donner pour expliquer la cause du bien et du mal de chaque instant : car c'est là le but de l'astrologie; science absurde, qui est le dernier résultat de la philosophie et de la magie orientales.

[1] *Asiatic Res.* vol. IX, p. 367.

CHAPITRE VII.

DU ZODIAQUE SOLAIRE, DE SES DIVISIONS, DE LEURS FIGURES ET DE LEURS NOMS DIVERS, ETC.

La division du zodiaque solaire en douze parties est aussi ancienne chez les Indiens que la division de l'année en douze mois et en douze Khyettros ou douze champs; mais je ne crois pas très-ancien chez eux l'usage d'appeler Bélier, Taureau, Gémeaux, etc. les douze parties de l'écliptique, ainsi que celui de désigner par le Soleil, la Lune, Mars, etc. les sept jours de la semaine, ou le quart des vingt-huit journées lunaires. Je suis même convaincu que les Indiens ont reçu directement toutes ces conventions astronomico-astrologiques des Grecs, ainsi que les noms grecs des douze signes qui se trouvent dans un de leurs plus anciens livres astrologiques, le *Dipika* de Mihiro.

Le *Dipika*, qui est un Almageste astrologique, n'existe pas depuis des millions d'années, ainsi que des Brammes fourbes ou ignorants voudraient le faire croire. J'ai examiné attentivement le Pouthî que l'on donne pour être ce fameux *Dipika*, et j'ai reconnu que ce n'était qu'une compilation astronomico-astrologique de l'école de Nodiah, et qu'elle pouvait remonter au xie siècle de l'ère chrétienne.

C'est en effet vers cette époque que les astrologues ont indianisé tous les noms grecs des douze figures du zodiaque, mais longtemps après que ces douze signes avaient été traduits en partie et introduits dans l'astronomie; car

Shoûrdjyo, qui les cite tous traduits en leurs équivalents, et Valmiki, qui en cite quelques-uns déjà traduits, vivaient longtemps avant Mihiro, l'auteur de cette compilation.

Il ne faut pas confondre ce Mihiro avec Voraho Mihiro, qui a composé un poëme connu sous le nom général de *Shonghito*. Celui-ci existait longtemps auparavant. J'ai également examiné son ouvrage, surtout pour en découvrir l'âge, et j'ai reconnu, dans le 19ᵉ shlôk du VIIIᵉ chant, que cet auteur écrivait l'an du Kaliyoug 3750[1], ce qui revient à l'an 649 après J. C.

Voharo Mihiro dit, dans le 2ᵉ shlôk du XIIIᵉ chant, que le fameux roi Youdishthirah[2] (réel ou fabuleux), régnait 2526 ans avant l'époque de Shoko, qui commence 79 ans après J. C. De sorte que l'âge de ce roi doit être fixé à l'année 653 du Kaliyoug, qui correspond à l'an 2447 avant l'ère chrétienne.

Mon interprétation de ce texte[3] hiéroglyphique du *Shonghito* de Voharo Mihiro, est conforme à celle de Shorbobhŏoumoh, qui a écrit, l'an 1640 après J. C., un petit traité sur les sept Rishis.

Les douze signes, mesh, brish, mithoun, etc. sont nommés dans le chapitre 1ᵉʳ du *Dîpika*, et ainsi dépeints en abrégé :

Motshyŏou ghoṭî nrimithounong shogodong shọbînong tchapîno-rôṣhọdjoghonô mokoromrigashyang tŏoulî shoṣhoshyo dohona polo-bogatcho konya ṣheshah shọnamo shodrishah shọtcharaṣhtcho shorbe.

---

[1]   ० ५ ७ ३ शून्यशरगिरामै *Ciel-flèche-montagne-feu.*

[2] Le mot *youdishthira* ne viendrait-il pas de *youda-shthira* (Judaica-regio, natio)? Ce premier roi indien, Radja Youdishthirah, ne serait-il pas Noé ou tout autre chef des ancêtres du peuple juif? *Videant doctiores.*

[3]   ६ २ ५ २ षडुद्विव्यपक्षादि *Six-deux-cinq-deux.*

« Deux poissons; un pot à eau; un homme et une femme avec un bâton et une lyre; un homme à pieds de cheval avec un arc; un monstre marin à tête de cerf; une balance; une jeune fille assise dans un bateau, portant un épi de riz et du feu; les autres signes (♈, ♉, ♋, ♌, ♏), sont ce que désignent leurs noms, et forment ainsi tout le zodiaque. »

Cette description se trouve rapportée mot à mot dans plusieurs autres ouvrages sanscrits, et entre autres dans le *Djatokamritong* du savant Mothouranath, dans le *Shotkritomoûktaboli*, et dans le *Djyótïshtottoh* de Roghounondon.

L'auteur du *Djatopotaki* fait connaître plus amplement la forme des douze signes qui se promènent dans les douze champs (*khyettros*) de l'écliptique. Voici ce qu'il dit, avec la traduction :

Eshou mesho brisho korkot shingho, brishtchik shodrishah goda-dhoro bîna dhrito narîroupo mithounatmokô mithounorashih shoshya-gni hoshta nŏoushtha konya touladhrik pouroushôho dhishthatôho shoula oshâkaro shesharddho norôdhonourdhotôtô dhonouh mrigamyô mokoroh djolaloe nae djolashoe gotô got hoshtanotoh koumbhoh poroshporo poutchtchogoto moukhomotoshyo dŏyô minoh.

« Le Bélier, le Taureau, l'Écrevisse, le Lion et le Scorpion sont dans leur forme ordinaire; un homme amoureux, qui porte un bâton, et une femme qui joue de la guitare, font le signe des amis; un épi de riz et du feu dans les mains d'une jeune fille assise dans un bateau, forment la Vierge; un homme qui élève une balance fait le signe de la Balance; un homme armé d'un arc, ayant pour moitié inférieure du corps le corps d'un cheval, forme le Sagittaire; un monstre marin à tête de cerf est le Capricorne; et de l'eau qui vient sans cesse dans une urne placée sur l'épaule d'un homme et coule aussi sans cesse, fait le Verseau; deux poissons qui nagent côte à côte, ayant la tête en sens opposé, forment les Poissons. »

Un savant Bramme de Nodiah, Ramachandra, suivant Gôpaltchondro, auteur du bel Almanach bengali imprimé à Serampour en 1842, tourna ainsi en cinq shlôks, il y a une cinquantaine d'années, cette description du *Potakî*, sans y rien changer.

1. Meshodoyoh namo shomanoroupi :
   Vîña godabhyang mithounong nriougmong.
2. Prodipo shoshye dodhoti korobhyong :
   Navishthita varini konya kaïvah.
3. Toula toulabhrit protimano pañir :
   Dhonoush dhonourman hoyobot porangah.
4. Mriganno shoyon mokoroshtho koumbhah :
   Shkondhe norôrikto ghotong dodhono.
5. Onyônyo pontchcho bimoukoh hi minoh :
   Motshyo doyong shoshtho lokhyariñômi.

1. « Le Bélier et les autres signes ont la forme même de l'animal qu'indiquent leurs noms.

« Les Jumeaux sont deux hommes unis, qui portent une lyre et une massue.

2. « La Vierge est assise dans un bateau qui flotte sur les eaux; elle porte dans ses mains une lampe et un épi de riz.

3. « La Balance est un homme qui tient une balance à la main, et qui pèse.

« Le Sagittaire est un archer dont la partie inférieure du corps est comme celle d'un cheval.

4. « Le Capricorne est un monstre marin à tête de cerf.

« Le Verseau est un homme qui porte sur l'épaule un pot qu'il vide.

5. « Les Poissons sont deux poissons qui nagent attachés ensemble, ayant la tête et la queue placées en sens opposé. »

C'est cette pièce de vers, que Sir Jones donne comme faisant partie du *Rotnomala* de Poti. Le vénérable Ramachandra[1] et le jeune Vinayaca le lui avaient sans doute fait accroire, afin de donner plus de poids à leur marchandise.

Mais ce qui m'étonne, c'est de voir le savant A. G. Schlegel dans la même erreur[2]. Il est probable que cet orientaliste n'avait pas examiné le *Rotnomala*; et il est certain qu'il avait copié Sir Jones, pour avoir la pièce de Ramachandra. Le révérend W. Hales[3] s'appuie aussi sur cette pièce d'hier pour prouver que les Indiens ont reçu des Chaldéens les douze figures actuelles du zodiaque !

Je ne sais qui a trompé Bentley[4], au sujet de l'âge de Porāsor et de Gorgo; il fait vivre ces deux auteurs dans le temps que le fameux roi des Pandous, Youdhishthirah, monta sur le trône; il précise même l'année; il dit que ce fut 575 ans avant J. C.

J'ai fait connaître, d'après deux auteurs respectables, l'âge du roi des Pandous. Gorgo dit lui-même son âge, dans son fameux poëme[5]. Il écrivait la cinquième année de l'ère, appelée *shombot*, du roi de Gour nommé *Gôpalo*. Cette ère commence, dit-il, la millième année de l'ancienne ère du

---

[1] *Asiat. Res.* vol. II, p. 290, 291 et 292.

[2] *Discours sur l'antiquité et l'origine du zodiaque*; Bonn, 1839.

[3] *A new analysis of Chronology and Geography*, vol. I, 204.

[4] *A historical view of the Hindu astronomy*: London, 1825, p. 68, 72.

[5] *Le Vishnou Pouraña* cite Gorgo et son poëme, à la fin du chapitre V.

même nom (56 ans avant J. C.); de sorte que Gôpalo, le chef de la quatrième dynastie des rois du Bengale, vivait, ainsi que Gorgo, l'an 944 après J. C. Gorgo écrivait l'an 5 et l'an 6 de l'ère *shombot* de Gôpalo, comme il le dit (aux pages 132 et 205 de mon manuscrit) dans son ouvrage.

Il est vraiment dommage que Gorgo, qui parle des signes du zodiaque, soit si moderne; je ne trouve plus que Valmiki et Moyo à citer, pour prouver l'antiquité des figures actuelles des douze signes du zodiaque solaire. (Voy. note 1, à la fin de l'ouvrage.)

Je ne crois pas que les Védas en disent un mot; je pense même que l'almanach qui les accompagne, et dont parle Colebrooke[1], est tout à fait moderne; ce sera un Manuel à l'usage de ceux qui lisent et chantent ces livres sacrés dans les pagodes les jours de fête. Du reste, je n'ai pu me le procurer jusqu'à présent afin de l'examiner.

Les noms grecs des douze figures se trouvent dans une multitude d'auteurs depuis Mihiro; ils avaient probablement été tenus cachés jusqu'à lui : peut-être aussi les livres astrologiques, plus anciens que le *Dîpika*, qui contiennent ces noms grecs, sont-ils perdus ou encore secrets. Quoi qu'il en soit, l'auteur du *Dîpika* rapporte, en grec reconnaissable, les noms des douze signes, après les avoir fait connaître en sanscrit. Il dit dans son premier chapitre :

[1] *Asiat. Res.* vol. VIII, p. 489.

सामान्यतो राशि संज्ञाः ।

Shamanyotò raṣhi shonggyah.

« Les signes réunis s'appellent ainsi : »

NOMS INDIENS.	NOMS INDIENS en lettres grecques.	NOMS GRECS.	NOMS LATINS.	SIGNES.
क्रिय Krio.	Κριω.	Κριὸς.	Aries.	♈
ताव्रुरि Tavouri.	Ταβϙρι.	Ταῦρος.	Taurus.	♉
त्रितुम Djitoumo.	Δjίϑϙμο.	Δίδυμοι.	Gemini.	♊
कुलीर Kouliro.	Κϙλῖρο.	Κολῦρος.	Cancer.	♋
लेय Leo.	Λεο.	Λέων.	Leo.	♌
पाथेय Patheo.	Παθεω.	Παρθένος.	Virgo.	♍
यूक Zoûko.	Ζοῦκο.	Ζυγὸς.	Libra.	♎
कौर्प्याख्याः Koourpyakhyah.	Κοϙρπια.	Σκορπιὸς.	Scorpius.	♏
तोत्क्षिक Toouxico.	Τοϙξιχο.	Τοξευτήρ.	Sagittarius.	♐
श्राकोकेरो Akôkerô.	Αχωχερω.	Αίγωχέρως.	Capricornus.	♑
हृद्रोगश्र- Hrydrôgoshtch-	hrΥδρωγοσσ-	Ὑδροχόος.	Aquarius.	♒
न्त्यभं चेत्थं ॥ antyobhong Tchetthong.	et le dernier signe χετθον).	Χῆτος.	Pisces.	♓

On voit ces mêmes noms grecs défigurés dans le premier chapitre du *Rajmartondo* : ils y sont mêlés avec plusieurs autres noms indiens, synonymes des mêmes signes du zodiaque. On les trouve de même à la première page du *Potaki* et à la troisième page du *Shoṭkritomouktaboli*. Au lieu de ιχθυες et καρκινος on avait anciennement κῆτος et κόλουρος, si toutefois on ne doit pas reconnaître ιχθυες dans *ettho* du dernier mot. Le mot *kouliro*, κόλουρος, colure, pour καρκῖνος, qui a été placé, on ne sait quand, au colure solsticial, est encore dans le *Bhashoti* (page 19 de mon manuscrit), et on le rencontre fréquemment dans les meilleurs auteurs. Valmiki même emploie ce mot grec pour désigner le Cancer[1], et le savant Schlegel ne s'en est pas aperçu ou scandalisé ; enfin, ces mots grecs sont imprimés à la première page du *Djyótíshtottgh* de Roghounondon, édition de Serampour. On ne peut dire aux Brammes instruits, sans les faire rire de pitié, que ces noms des douze signes du zodiaque sont une falsification de leurs ouvrages scientifiques et astrologiques, une innovation subreptice, une invention moderne ; ces noms sont, d'après eux, aussi anciens, dans l'Inde, que les figures auxquelles ils sont attachés concurremment avec les mots *brish*, *mithoun*, etc. Il faut donc les croire à cet égard ; car ils ne sont pas intéressés à soutenir un tel fait sans qu'ils en soient convaincus ; on doit même abonder dans leur sens, et conclure *in petto* que les figures, ainsi que les noms grecs des douze signes du zodiaque, ont été donnés aux Indiens du temps d'Alexandre ou après. Il n'est pas possible de préciser l'époque de cette communication d'une manière exacte ; tout ce que l'on peut faire, c'est de resserrer les limites qui la précèdent et qui

---

[1] *Ramayon*, liv. I, ch. XIX, sh. 8.

la suivent. Shoûrdjyo ou Valmiki est la limite inférieure,
et Alexandre le Grand la limite supérieure : mais il est évident que l'époque cherchée est à une grande distance de
l'une et l'autre limite ; car Shoûrdjyo, d'un côté, parle du
Bélier, du Taureau, etc. comme de choses anciennes dans
le domaine des sciences ; et, de l'autre, il n'est pas probable
que les Indiens aient adopté immédiatement, du temps
d'Alexandre, les conventions du zodiaque grec, qui certainement n'était pas encore formé définitivement, au moins
pour la Balance séparée du Scorpion. En effet, un savant
archéologue, M. Letronne, a victorieusement prouvé que
la Balance séparée du Scorpion est une invention zodiacale
postérieure à Eudoxe et à Aratus ; il croit qu'elle ne remonte pas au delà du ii° siècle avant l'ère chrétienne, et
qu'un passage altéré d'Hipparque emploie, pour la première fois, le mot ζυγός pour désigner la Balance comme
signe zodiacal.

CHAPITRE VIII.

SUITE DU CHAPITRE PRÉCÉDENT. MOIS, ZODIAQUES DIVERS, HÔRAS, DREKANS, SOUS-DIVISIONS DES PRÉSIDENCES PLANÉTAIRES, SEMAINE, ASTROLOGIE ANCIENNE.

L'invention grecque des douze signes actuels du zodiaque, et son adoption par l'astronomie indienne, ne changeait en rien les conventions astronomiques ou astrologiques, et n'augmentait pas d'un *iota* les connaissances acquises par l'observation. Boïshakh, Djyoïshto, Ashar, Shrabon, Bhadro, Ashin, Kartik, Ogrohayon, Pŏoush, Magh, Falgoun, Tchoïtro marquaient les douze mois immobiles comme les Nokhyottros, et les douze signes mobiles comme Mesh, Brish, Mithoun, Korkot, Shingho, Konya, Toula, Brishtchika, Dhonou, Mokor, Koumbho et Mîn. Ces douze mois avaient été formés (1571 avant J. C.) lorsque l'équinoxe du printemps était au commencement de la mansion Krittika, qui avait rétrogradé de 26° 40′, du temps de Shoûrdjyo, l'an 345 de l'ère chrétienne. On voit, en effet, que du temps de Moyo l'équinoxe avait rétrogradé de 26° 40′ depuis cette formation des mois; car il est dit dans le premier chant : « Le zodiaque commence à la fin de Pŏoush (au solstice d'hiver), et finit à la fin du même mois[1]. » Or Pŏoush, comme

[1] Il s'agit du mois appelé *Pŏoush*, et non du Nokhyottro de ce nom, comme dans le *Ramayono* de Valmiki. Le mois de Pŏoush est à 190° du signe Pŏoush, et le Nokhyottro précité n'est qu'une partie du signe et du mois de Pŏoush.

Le mois de Pŏoush arrive dans le signe d'Ashar, et le mois d'Ashar dans le signe de Pŏoush.

mois et comme signe, finit aux 3/4 d'Oshlesha, à 116° 40' de longitude. Que cet équinoxe ait été véritablement observé, c'est un fait indubitable; un hymne de l'*Othor-Vedo* le constate, ainsi qu'une foule d'ouvrages anciens. Les Brammes expliquent cette formation par des figures qui ressemblent un peu à celles de l'astrologie. Les nombres 7 et 14 y jouent un rôle assez curieux dans la disposition des vingt-huit Nokhyottros. Voici la figure magique.

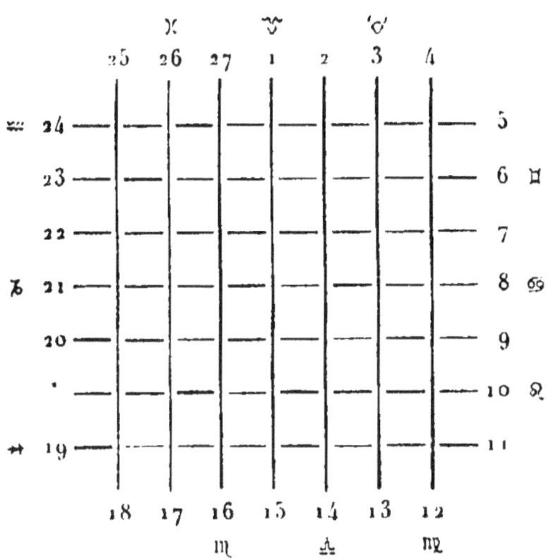

Krittika donne son nom à ♉ et au mois solaire opposé; Mrigshira à ♉ et au second mois, à partir de l'équinoxe d'automne; Poushya à ♊ et au troisième mois, et ainsi de suite pour les autres mois opposés et les autres signes.

Si l'on divise chaque Nokhyottro de 13° 20' en quatre pieds, et si l'on donne à Abhidjit une valeur de *zéro*, on verra plus clairement la formation astrologique des mois. Les Brammes font cette opération comme suit :

NOKHYO-TTROS.	PIEDS.	MOIS.	SIGNES.	NOKHYO-TTROS.	PIEDS.	MOIS.	SIGNES.
1	Iııı	Kartik.	♉	15	ıııı		
2	ıııı			16	ıııI	Djoïshtyo.	♏
3	ıIıı	Ogrobayon[1].	♉	17	ıııı		
4	ıııı			18	ıııı		
5	ııIı			19	Iııı	Ashar.	♐
6	ıııı	Pöoush.	♊	•	o		
7	ıııI			20	ıııı		
8	ıııı	Magh.	♋	21	ıIıı	Shravoñ.	♑
9	ıııı			22	ıııı		
10	Iııı	Falgouñ.	♌	23	ııIı		
11	ıııı			24	ıııı	Bhadro.	♒
12	ıIıı	Tchoïtro.	♍	25	ıııI		
13	ıııı			26	ıııı	Ashin.	♓
14	ııIı	Boïshak.	♎	27	ıııı		

On a vu, dans le chapitre III, que Dhonishtha s'appelle *Shrobishta*, et a un pied (3° 20′) dans Shroboña. Ces deux mansions ont le même sens et la même figure. (Voir le chapitre V.) L'un s'appelle *premier Shroboña*, l'autre *second Shroboña*. C'est le second Shroboña qui donne son nom au mois. Les mois reçoivent leurs noms de l'un des Nokhyottros *les plus heureux* dans lesquels ils tombent. Avec les figures spéciales des douze Khyettros, qui ont la présidence des douze divisions du zodiaque solaire que l'on appelle *champs*, on a douze figures mobiles, prises dans les vingt-huit figures immobiles du zodiaque lunaire lorsque les mois furent formés. Les Indiens représentent donc les douze signes par les figures des mansions 1, 3, 6, 8, 10, 12, 14, 16, 19, 21, 24 et 26 depuis ce temps-là. Ces douze mois ou douze signes sont non-seulement représentés par

---

[1] *Ogrohayon* est synonyme de *Mrigshira*.

ces figures, mais encore par toute espèce de figures de fantaisie, comme on l'a vu, chapitre VI, pour les vingt-huit Nokhyottros. Il n'est pas besoin de redire que le mois prend son nom du Nokhyottro opposé à celui dans lequel il commence; celui-là fut observé à minuit. Ainsi le quatorzième Nokhyottro, *Boïshakha*, passa à minuit au méridien, lorsque le soleil était au commencement du premier Nokhyottro *Krittika*, le jour de l'équinoxe du printemps de l'an 1571 avant J. C. Le mois s'appela alors *Boïshakh;* il en est de même pour tous les autres mois, et leurs noms, qui depuis ce temps éloigné sont dans l'usage commun, comme si la précession des équinoxes n'existait pas. Ces noms de mois font encore, pour les astrologues, la fonction des noms grecs des douze signes, quoiqu'ils reconnaissent que les noms des Grecs sont plus commodes pour éviter la confusion des signes avec les mois, depuis surtout que ceux-ci ne sont pas exactement le temps nécessaire au soleil pour parcourir 30°, et qu'ils représentent tantôt des mois solaires, tantôt des mois lunaires, et généralement des mois luni-solaires, qui ne correspondent que rarement à 30° de l'écliptique, à partir de l'équinoxe du printemps de l'an 500 après J. C., pris pour nouveau point de départ.

On voit dans les almanachs les figures des douze signes primitifs, qui reçoivent le soleil à son passage dans leur champ, le portent à la figure du signe suivant, et reviennent à leur place pour remplir les mêmes fonctions l'année suivante. L'astrologie n'a pas manqué d'attacher beaucoup d'importance à ces figures, qui s'appellent Mohabishoubo, Bishñoupodi, Shorhoshìti, Dokhyñayon, Bishñoupodi, Shorhoshìti, Djolobishoubo, Bishñoupodi, Shorhoshìti, Outtorayono, Bishñoupodi, Shorhoshìti. Ces douze noms se ré-

duisent à trois, quatre fois répétés, suivant les quarts de
l'écliptique. Ce sont les hommes de peine du signe depuis
le commencement (*Shongkranti*) jusqu'à la fin; ils sont
toujours en activité et en mouvement; ils ont le bâton de
voyageur ou le disque rayonnant du soleil à la main, et à
côté d'eux le zodiaque grec. L'entrée du soleil dans un signe
(*Shongkranti*) est le sujet de beaucoup de prédictions et de
combinaisons astrologiques. Les vingt-huit Nokhyottros sont
groupés de vingt-huit manières différentes autour de la
tête, de la bouche, de la main droite, du cœur, du pied
droit, du pied gauche, du derrière, du bras gauche et de
l'épaule gauche de ces figures. Le mannequin du chapitre V
en donne une idée. Voici ces figures extraites de différents
almanachs, avec deux zodiaques grecs aux extrémités. Le
Scorpion et le Capricorne du second sont représentés par
une *crevette* et un *poisson-cerf à quatre pieds*. (Voyez n°⁵ 37,
38, 39, 40, 41, 42, 43, 44, 45, 46, 47, 48, 49, 50.)

Legentil (*Voyage dans les Indes Orientales*) donne la figure
d'une idole, dont il ne dit pas le nom, et qui s'appelle
Rovonishoroudou à la côte de Coromandel, où j'ai demeuré
onze mois. C'est l'emblème de Rovono, roi de Laṇka (Ceylan), l'ennemi de Rama; c'est la représentation des douze
énergies contraires, que le soleil doit vaincre dans sa
course annuelle, du nord au sud de l'écliptique. Comme
il y a *douze* signes (grecs), *douze* mois tirés des vingt-huit
Nokhyottros, et *douze* Brammes placés dans chaque Khyettro
(les douze figures ci-dessus), de même il y a *trente-six*
génies opposés, qui tâchent d'épouvanter le soleil par leurs
cris semblables aux flots et aux vents bruyants (*Rovono*)
qui sont entre l'Inde et Ceylan, du côté de Ramîshorom.
Je crois que cette idole est tout à fait moderne, quoique je

n'en aie pas la preuve. C'est une peinture des douze travaux herculéens du soleil. Voici cette figure grotesque, qu'on peut encore regarder comme une vraie personnification des trente-six Drekhans, venus peut-être de l'Occident chez les Indiens. (Voir n° 51.)

Les douze principales fêtes du Bengale ont lieu en l'honneur de douze idoles emblématiques ou de douze articles du symbole idolâtrique. Comme le fond de ce symbole est le culte du soleil, des douze signes et des vingt-huit Nokhyottros, les Brammes astronomes ont mis dans le tableau n° 51 *bis*, extrait d'un almanach, tous ces symboles populaires, en rapport avec les douze signes et les vingt-huit Nokhyottros. C'est ainsi que les Brammes soutiennent l'idolâtrie lucrative qui les fait vivre aux dépens du peuple; ils la condamnent en théorie, et ils la tolèrent en pratique, après l'avoir rattachée au culte du soleil, en l'honneur duquel ils disent *seuls et tout bas* le Gayettri, ainsi conçu :

ॐ भूभविष्यत् तत् सवितर् वरेणां भर्गो देवस्य धीमहि धियो-
योनप्रचद्यात् ॐ

Oum bhoû bho bishyoṭ toṭ shobitoro voreñong bhorgó devoshyo dhî-mohi dhiyôyòno protchodoyaṭ Oum.

«Oum! Adoration à l'être célébré dans les trois Védas, la terre, l'air et les cieux! O être par excellence! O soleil! suprême splendeur de la divinité, nous méditons sur vous; puissiez-vous nous éclairer! Oum!» Cette lumière du soleil à laquelle s'adressent, soir et matin, *solennellement, silencieusement et avec des gestes mystérieux*, tous les Brammes *régénérés*, est sans nul doute le soleil matériel que l'on voit et que l'on sent dans la nature : c'est la première des idoles du ciel, de la terre et de l'air.

Les temples indiens sont en général dédiés au soleil, à ses douze signes, aux vingt-huit Nokhyottros de la lune, et aux constellations qui en dépendent. La figure n° 33, pl. I. les domine toujours dans le Bengale; c'est un zodiaque lunaire. Les douze stations du soleil sont représentées par la réunion de douze temples dans plusieurs endroits. Le principal édifice solaire de Chandernagor est construit sur le plan suivant, que j'en ai levé.

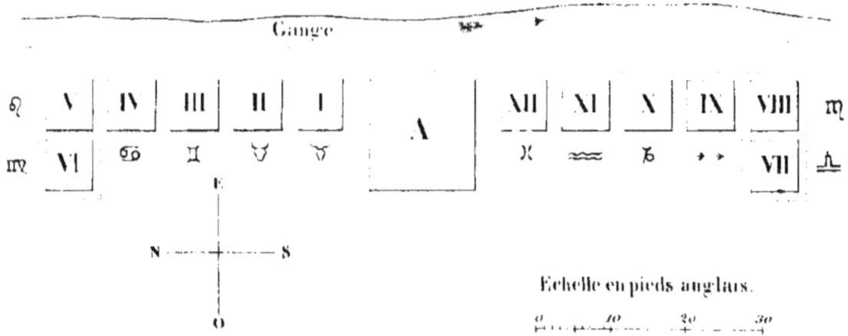

C'est là un zodiaque en grand. L'édifice du milieu, au sommet duquel dominent différents emblèmes du soleil et de la lune, est le temple de Shiva. On y fait tous les jours, au lever et au coucher du soleil, un sacrifice ou une offrande aux dieux du ciel (*outshorgo*). Pendant ce temps-là un Bramme part de A avec une lampe à trois flammes, entre dans chaque chambre en suivant les numéros, et revient par x au point A éteindre sa lampe au pied de Shiva le *destructeur de toute chose*.

Enfin, voici une figure (n° 52) de toute la sphère faite suivant le *Dipika* par un savant Bramme, principal d'un collége aux environs de Dacca. On y voit les douze signes avec leurs étoiles les plus remarquables; les vingt-sept Nokhyottros; les vingt-sept Yôgotaras; les douze mois; le Cheval, le Serpent, le Lion et l'Éléphant, qui sont aux quatre coins du monde; les Debtas conducteurs et les grands dieux de chaque quartier. Si l'on peint les figures indiquées, on a presque le zodiaque circulaire de Denderah. On remarque, dans le zodiaque égyptien oblong, le cercle équatorial sous la forme de deux femmes à grands bras et au corps allongé; mais le mot *narimondolo*, qui veut dire *ligne équatoriale*, signifiera *femme équatoriale,* si l'on ôte le point qui est sous l'*r*. Ces femmes du zodiaque de Denderah sont probablement la traduction en peinture du mot *narimondolo*, mal écrit ou mal prononcé, si toutefois ce zodiaque a été fait d'après les idées astrologiques des Indiens, comme je l'expliquerai plus tard.

Ce qui est certain, d'après l'étude consciencieuse que j'ai faite des monuments indiens, persépolitains et égyptiens; d'après les livres astrologiques, astronomiques et littéraires, anciens et modernes des Brammes, c'est que partout où l'on rencontre comme signe zodiacal solaire un des noms ou une des figures du zodiaque grec, on a la preuve, par cela même, que le monument ou que le livre qui en est marqué est de notre ère ou de quelques années avant. D'autres témoignages tirés du monument ou du livre ne tardent pas à venir confirmer les conclusions déduites de la présence seule de ce cachet grec. Il est donc inutile de parler, comme d'un monument ancien, du zodiaque trouvé dans une pagode du cap Comorin par M. J. Call. Ce zodiaque moderne, avec ses figures grecques, représente le zodiaque de 1571 ans avant l'ère chrétienne, lorsque le Soleil entrait dans le Taureau, à l'équinoxe du printemps, lorsque l'on formait les mois, au commencement de l'astronomie. On fait tous les jours de semblables zodiaques dans les livres qui traitent, avec des figures modernes, de ces temps éloignés, et qui commentent les Védas et toutes les traditions pouraniques. Ce zodiaque ne prouve pas plus l'antiquité de la pagode où il est dessiné, que les peintures du paradis terrestre, qui embellissent les loges du Vatican, ne prouvent que ces loges existaient avant le déluge.

Les livres astrologiques entrent dans une foule de détails au sujet de l'influence planétaire pour chaque instant du jour et de la nuit, *hôrattro* (*hémérynyctée*). Ils ne sont pas tous d'accord pour les subdivisions, et il y a plusieurs systèmes de visites attribuées aux planètes; mais voici ce qui est admis par tous comme fondamental, d'après Mihiro, Voraho Mihiro et Mohadevshivo, auteur du *Koushtiprodip*, qui vivait l'an 552 de notre ère ou l'an *Ramagovedo*[1] de Shoka 473. Le jour et la nuit *est* de soixante heures (*dondo*); pendant trente heures il passe six signes au méridien; chaque signe emploie un temps inégal à passer, et est visité par une planète qui a une qualité *faste* ou *néfaste*, bonne ou mauvaise. Cette influence est balancée par d'autres planètes qui visitent le même signe dans une partie plus ou moins grande du même temps. Suivent des tableaux synoptiques de toute cette science profonde que ne devrait pas ignorer celui qui veut la combattre chez les Orientaux, où elle dirige tout et règne depuis un temps immémorial.

Fata (*Natura*) quoque et vitas hominum suspendit ab astris.
Fata regunt orbem; certa stant omnia lege. (Manil.)

L'Église a été obligée de condamner cette doctrine dans le deuxième concile de Braga, l'an 563, sous Jean IV. «Si quis animas et corpora humana fatalibus stellis (fatali signo) credit astringi, sicut pagani et Priscillianus dixerunt, anathema sit.»

[1] *Feu-montagne-Véda.*

PREMIER TABLEAU POUR L'ANNÉE.

	♈	♉	♊	♋	♌	♍	♎	♏	♐	♑	♒	♓
Noms des signes du zodiaque.............												
Khyettros de chaque signe...............	♂	♀	☿	☽	☉	☿	♀	♂	♃	♄	♄	♃
Hôras de la 1re moitié de chaque signe.......	☉	☽	☉	☽	☉	☽	☉	☽	☉	☽	☉	☽
Id. de la 2e moitié de chaque signe.........	☽	☉	☽	☉	☽	☉	☽	☉	☽	☉	☽	☉
Drekans du 1er tiers de chaque signe.........	♂	♀	☿	☽	☉	☿	♀	♂	♃	♄	♄	♃
Id. du 2e tiers de chaque signe	☉	☿	♀	♂	♃	♄	♄	♃	♂	♀	☿	☽
Id. du 3e tiers de chaque signe..............	♃	♄	♄	♃	♂	♀	☿	☽	☉	☿	♀	♂

SECOND TABLEAU POUR LES MOIS.

	1er mois.	2e	3e	4e	5e	6e	7e	8e	9e	10e	11e	12e
Novengshos[1] de chaque mois.												
1re section de chaque signe..	♂	♄	♀	☽	♂	♄	♀	☽	♂	♄	♀	☽
2e section de chaque signe..	☿	♄	♂	☉	♀	♄	♂	☉	♀	♄	♂	☉
3e section id.............	☿	♃	♃	☿	☿	♃	♃	☿	☿	♃	♃	☿
4e id..................	☽	♂	♄	♀	☽	♂	♄	♀	☽	♂	♄	♀
5e id..................	☉	♀	♄	♂	☉	♀	♄	♂	☉	♀	♄	♂
6e id..................	☿	☿	♃	♃	☿	☿	♃	♃	☿	☿	♃	♃
7e id..................	♀	☽	♂	♄	♀	☽	♂	♄	♀	☽	♂	♄
8e id..................	♂	☉	♀	♄	♂	☉	♀	♄	♂	☉	♀	♄
9e id..................	♃	☿	☿	♃	♃	☿	☿	♃	♃	☿	☿	♃

[1] Neuvième partie.

TROISIÈME TABLEAU.

DOMINATION DES SEPT JOURS DE LA SEMAINE PAR LES PLANÈTES.

ORDRE ET TEMPS DE LA DOMINATION, LE JOUR ET LA NUIT.	1er jour.	2e	3e	4e	5e	6e	7e
Pendant 3h 45′ le jour.....	☉	☽	♂	☿	♃	♀	♄
Pendant 3h 45′ la nuit....	☉	☽	♂	☿	♃	♀	♄
Id. j.................	♀	♄	☉	☽	♂	☿	♃
Id. n.................	♃	♀	♄	☉	☽	♂	☿
Id. j.................	☿	♃	♀	♄	☉	☽	♂
Id. n.................	☽	♂	☿	♃	♀	♄	☉
Id. j.................	☽	♂	☿	♃	♀	♄	☉
Id. n.................	♀	♄	☉	☽	♂	☿	♃
Id. j.................	♄	☉	☽	♂	☿	♃	♀
Id. n.................	♂	☿	♃	♀	♄	☉	☽
Id. j.................	♃	♀	♄	☉	☽	♂	☿
Id. n.................	♄	☉	☽	♂	☿	♃	♀
Id. j.................	♂	☿	♃	♀	♄	☉	☽
Id. n.................	☿	♃	♀	♄	☉	☽	♂
Id. j.................	☉	☽	♂	☿	♃	♀	♄
Id. n.................	☉	☽	♂	☿	♃	♀	♄

ORDRE DES PLANÈTES VISIBLES ET NOMS PLANÉTAIRES DES SEPT JOURS DE LA SEMAINE.

Saturne......... ♄ Samedi.
Jupiter......... ♃ Jeudi.
Mars.......... ♂ Mardi.
Le Soleil....... ☉ Dimanche.
Vénus......... ♀ Vendredi.
Mercure........ ☿ Mercredi.
La Lune........ ☽ Lundi.
Rahou et Ketou invisibles.
La Terre ne compte pas.

EXPLICATION DES TABLEAUX.

PREMIER TABLEAU.

Les planètes des Khyettros portent leur influence dans
tout le signe de leur colonne respective; les 24 Horas n'in-
fluencent, chacun, que la moitié du signe de leur bande, et
les 36 Drekans que le tiers. A Lanka, sous l'équateur et le
jour de l'équinoxe, le temps employé par chaque signe à
passer au méridien a été compté; si l'on y ajoute un certain
nombre, on a le temps employé par les mêmes signes,
dans une latitude différente. Ainsi on a trouvé que $3^h 47'$,
$4^h 17'$, $5^h 6'$, $5^h 40'$, $5^h 41'$, $5^h 29'$, $5^h 29'$, $5^h 41'$, $5^h 40'$,
$5^h 6'$, $5^h 17'$, $3^h 47'$ sont les temps respectifs des douze
signes, le jour de l'équinoxe, à Oujeïn.

Le premier Hora dominera de toute son influence le
signe ♈ pendant la moitié de $3^h 47'$ ($1^h 53' 30''$); le deuxième
Hora le dominera pendant le même temps; de sorte qu'il y
a un combat perpétuel entre ces deux dominations du Soleil
et de la Lune, qui par leur opposition forment dans le
monde le *bon* Hora[1] ou Horus leur enfant, le seul dieu
de la nature, qui est et n'est pas.

Le Soleil est le *mal*, Arimane; la Lune, le *bien*, Oromaze.
Parmi les planètes, Mars et Saturne sont *néfastes* comme
le Soleil; Mercure, Vénus et Jupiter sont *fastes* comme la
Lune. C'est à cause de ces considérations anciennes et de la
position relative attribuée aux planètes, au-dessus et au-
dessous du soleil, que les Orientaux ont donné aux sept
jours de la semaine les noms des planètes. Le ☉ (*le mal*)
est opposé à la ☽ (*le bien*); de là *jour du Soleil, jour de la*

---

[1] De là probablement *bonheur, malheur*, et la division du jour en 24 heures
Horus *est et n'est pas*: c'est un point de contact.

Lune. ♂ (*le mal*), placé immédiatement au-dessus du Soleil, est opposé à ☿ (*le bien*), qui est au-dessous de la Lune; de là *jour de Mars, jour de Mercure.* ♃ (*le bien*) est opposé à ♀ (*le bien*), comme ♄ (*le mal*) est opposé au ☉ (*le mal*); de là *jours de Jupiter, de Vénus et de Saturne.* La petite figure (voir n° 53) fait comprendre cela parfaitement. C'est l'astrologie qui a nommé les sept jours de la semaine, ainsi que les douze signes du zodiaque; mais il ne faut pas croire que les Indiens attribuent à leurs planètes ou aux noms qu'elles portent le même sens que les Grecs. Jupiter est pour ceux-ci le dieu des dieux : les Indiens ne regardent Brihoshpoti que comme un maître d'école ou un législateur; ce n'est qu'un Debta ordinaire. Il en est de même pour les autres planètes indiennes, malgré la très-grande ressemblance des fonctions dans le ciel.

Je ne crois pas que les Indiens aient nommé les sept jours de la semaine avant les communications qu'ils ont eues avec les Grecs. Ils n'ont pas reçu cela des Chaldéens, auxquels ils doivent certainement leur astrologie, les vingt-huit Nokhyottros, qui forment le mois zodiacal de la lune; les sept jours de la semaine, qui en sont le quart; le mois *noir* et le mois *blanc*, chacun de quinze jours; l'idée et certaines périodes de leur chronologie pouranique, les principes et les méthodes de leur astronomie.

Il n'existe point de livre parlant de jour du Soleil, *robibar,* de jour de la Lune, *shombar,* etc. qui soit plus ancien que Moyo; du moins je n'en connais pas, quoique j'en aie parcouru un grand nombre. *Les sept jours de la semaine, le premier, le deuxième, le troisième jour de la semaine, etc.* sont les expressions usitées dans les livres anciens, et quelquefois même dans les livres modernes. Les Indiens n'ont point reçu des Grecs les noms de la semaine, mais ils les ont imités en lui donnant les noms des mêmes planètes qui étaient choisies par eux pour cet honneur. Quand est-ce que les Grecs ont donné les noms des planètes aux jours de la semaine? Dion Cassius dit que ce fut très-tard. Les Indiens ne les ont imités en cela, à mon avis, que dans le IIIe siècle de notre ère.

Le jour du Soleil commence la semaine; ce qui prouve que cette communication a eu lieu depuis le Christianisme, et probablement par des Chrétiens ou des Manichéens. C'est ce qui résulte de toutes mes recherches à cet égard. Ils ont encore introduit dans leur langue, comme pour les signes du zodiaque, les noms grecs des sept planètes. J'ai rencontré, en effet, dans quelques livres astrologiques, les mots *Heli* pour Ἥλιος, le Soleil; *Shoholano* pour Σελήνη, la Lune; *Aro* pour Ἄρης, Mars; *Helma* ou *Henma* pour Ἑρμάων, Mercure; *Dzivosh* pour Ζεύς, Jupiter; *Ashphrodjit* pour Ἀφροδίτη, Vénus; *Kônô* pour Κρόνος, Saturne. Tous ces mots sont barbares et ne se trouvent jamais, excepté *Djivosh*, dans les bons auteurs sanscrits; ce sont des emprunts des Grecs.

Si les mots *Drekañ* et *Hôra* sont vraiment étrangers au sanscrit, ils ont pu venir des Grecs établis au bord de l'Indus, après la mort d'Alexandre. C'est à ces Grecs, dont on trouve tous les jours tant de médailles dans le Pandjab, que les Indiens sont redevables de quelques additions à leur astronomie et à leur astrologie. D'ailleurs la langue, et par conséquent la science des Grecs, devait modifier sinon la langue, du moins la science des Indiens, dans les premiers siècles de notre ère. On voit dans la vie d'Apollonius de Tyane, que la langue grecque était parlée de son temps à la cour des rois et des princes de l'Inde qu'il visitait. Ce fait est constant, car Sénèque [1] se demandait : « Quid sibi volunt in mediis barbarorum regionibus Græcæ urbes ? Quid inter Indos Persasque Macedonius sermo ? »

Le premier Drekañ (ou Dekañ) domine le premier tiers du ♈, qui met $3^h 47'$ à passer au méridien ou à s'élever au-dessus de l'horizon ; le deuxième Drekañ domine le deuxième tiers ; le troisième domine le reste.

Le quatrième Drekañ domine le tiers ♉ $\left(\frac{4^h 17'}{3} = 1^h 28' 20'' \right)$; le cinquième Drekañ domine le deuxième tiers ; le sixième Drekañ domine le troisième tiers, etc. etc.

Il arrive ainsi que chaque Drekañ domine le tiers de chaque signe ou *dix* degrés, et c'est peut-être ce qui a fait donner le nom de *Drekañ*, *Dekañ*, *Decañ*, Δέκανος, à ces dominateurs astrologiques ; cependant on peut expliquer cela autrement.

DEUXIÈME TABLEAU.

Le temps employé par chaque signe à monter sur l'horizon ou à passer au zénith, étant divisé en neuf parties égales, est dominé, pour chaque partie, par une planète différente, en général. Ainsi pendant le premier mois de l'année, le premier neuvième de $3^h 47'$, temps du ♈ ; le premier neuvième de $4^h 17'$, temps du ♉ ; le premier neuvième de $5^h 6'$, temps des ♊, etc. est dominé par ♂ ; le second neuvième des mêmes signes est dominé par ♀, et ainsi de suite pour le premier mois. Dans le second mois, le premier neuvième des mêmes signes est dominé par ♄ ; le second par ♄ ; le troisième par ♃, et ainsi de suite.

TROISIÈME TABLEAU.

Les planètes (le Soleil étant compté comme planète) do-

<hr>

[1] Senec. *Consol. ad Helvium*, cap. I, § VI.

minent du matin au soir et du soir au matin, suivant l'ordre du tableau, pendant 3ʰ 45′ chacune. Ainsi, le premier jour de la semaine, ☉ domine le commencement et la fin du jour et de la nuit; le deuxième jour, c'est ☾; le troisième jour, c'est ♂ : chaque planète domine à son tour.

Le premier jour, ♀ domine (le jour) de 3ʰ 45′ à 7ʰ 30′; ☿ de 7ʰ 30′ à 11ʰ 15′; puis viennent successivement les dominations de ☾, de ♄, de ♃, et de ♂.

Ce tableau et tous les tableaux semblables me semblent postérieurs à la désignation des sept jours de la semaine par les noms des planètes.

L'astrologue qui veut savoir si la première heure du premier jour de l'an, commençant par un dimanche, le jour de l'équinoxe du printemps, est faste, fait ainsi son calcul :

Domination du commencement du premier jour de la semaine.	☉	*néfaste.*
Khyettro du ♈	♂	*néfaste.*
Hôra de la première partie du ♈	☉	*néfaste.*
Premier Drekañ du premier tiers du ♈	♂	*néfaste.*
Novangsho du premier neuvième du ♈, le premier mois.	♂	*néfaste.*
Total.	5 fois *néfaste.*

La première heure de ce jour est si *néfaste*, qu'on a tout à craindre si on ne corrige pas ses malignes influences en faisant de riches offrandes aux Brammes et aux dieux : c'est là la conclusion ordinaire de ces beaux calculs.

CHAPITRE IX.

CHRONOLOGIE IMAGINAIRE, CHRONOLOGIE VÉRITABLE.

Les Indiens ont une chronologie fabuleuse, comme tous les anciens peuples. Moyo ou Monou en est probablement le premier propagateur dans l'Inde; car c'est dans leurs ouvrages qu'on la voit développée par principes pour la première fois. Monou donne les raisons de cette chronologie; Moyo n'en donne que les résultats; mais ils sont l'un et l'autre parfaitement d'accord.

En général, comme il y a quatre âges, il y a aussi quatre castes et quatre *Védas*. Les *Védas*, les castes et les âges ne sont pas également bons. Brommo a tiré de sa bouche la première caste, celle des Brammes; de ses bras la deuxième caste, celle des Khyettris; de ses cuisses la troisième caste, celle des Voïshyas; et de ses pieds la quatrième caste, celle des Shoûdras. (Monou, chap. I, v. 31.) Les *Védas* ont été tirés aussi de quelques organes plus ou moins nobles de Brommo, le *Dieu-Monde* ou le *Dieu-Nature*. Le *Rig-ved*, le *Yodjour-ved* et le *Sham-ved* ont été extraits le premier du Feu, le second de l'Air, le troisième du Soleil (Monou, ch. I, v. 23); le quatrième *Ved*, l'*Othorvo-ved*, a une origine inconnue. De même la chronologie vient de Brommo. Avant de faire connaître sa génération divine, il est bon de dire un mot des quatre derniers âges qui sont mesurés par de longues périodes d'années. Dans le premier âge, la vertu régnait seule sur la terre; cet âge a duré 1,728,000 années. L'homme avait une taille de vingt et une coudées, et il n'était appelé par la mort qu'au bout de 400 ans. La justice se tenait ferme comme un bœuf sur ses quatre pieds. Dans le second âge, la justice était descendue, avec la vérité, à un quart du puits : les hommes avaient un quart de mal dans leurs actions et trois quarts de bien. Ils vivaient 300 ans et avaient quatorze coudées de haut; ce second âge a duré 1,296,000 ans. Le troisième âge, qui est de 854,000 années, était moitié bon, moitié mauvais. La justice, représentée par le Taureau, n'avait que deux pieds. Les hommes avaient sept coudées de haut; la moitié de leurs œuvres était bonne; l'autre, mauvaise; ils vivaient 200 ans. Le quatrième âge, qui est le nôtre, doit durer 432,000 ans; en 1845, il y a 4,946 ans qu'il est commencé. La justice, la vérité et la vertu sont descendues aux trois quarts du puits; le Taureau qui les représente n'a plus qu'un pied. Les hommes mentent trois fois avant de dire un mot de vrai; ils ne vivent que 100 ans, et ils n'ont que trois coudées et demie de haut (ce qui leur fait une taille moyenne de cinq pieds trois pouces anglais).

La durée moyenne de la vie de l'homme, dans les quatre âges d'or, d'argent, de fer et de plomb, est mal estimée par Monou (liv. I, vers. 81, 82, 83, 84, 85, 86), disent les Brammes du Bengale dans leurs almanachs. L'homme vivait, d'après eux, dans l'âge de la vertu complète, tant qu'il voulait; la mort ne le frappait qu'à regret au bout de cent mille ans; son corps avait toujours sa plus forte vigueur. Les hommes du second âge vivaient 1,200 ans; l'esprit ne les quittait que quand leurs os se fondaient et s'en allaient en eau. Dans le troisième âge, l'âme quittait le corps de l'homme au bout de 1,000 ans, parce que le sang en avait quitté les veines en s'évaporant. Enfin, dans l'âge de Koli, les hommes ne vivent que 120 ans, et ils meurent quand ils cessent de manger. Passons maintenant à la chronologie divine qui est le pendant de tout cela.

Les Pitris (les dieux mânes, ancêtres du genre humain) demeurent dans la lune. Comme la lune ne fait qu'un tour sur elle-même en un mois, les Pitris, placés à son équateur, n'ont qu'un jour et qu'une nuit, pendant que nous comptons à l'équateur trente jours et trente nuits, à cause des trente révolutions de la terre[1] devant le soleil, qui fait le jour et la nuit pour les hommes et les Pitris. (Monou, ch. I, vers. 65, 66.) Mais les Debtas, qui sont assis au pôle nord de la terre, comptent encore bien moins de jours et de nuits que nous et les Pitris, dans le même temps, car ils n'ont qu'un jour et qu'une nuit pendant les douze jours et douze nuits des Pitris de l'équateur de la lune, et les trois cent soixante jours et trois cent soixante nuits des habitants de Lanka, sous l'équateur terrestre. (Monou, ch. I, vers. 67.) Cela vient de l'inclinaison de l'axe de la Terre sur le plan de l'écliptique pendant sa rotation autour du Soleil.

Ces principes incontestables étant posés, la chronologie se développera facilement. Ainsi, dans le système (*tothabidhoh*) (Monou, liv. 1, v. 69), on dit que le Krito-youg des dieux vaut 4,000 ans; qu'il est précédé et suivi de deux *crépuscules* égaux qui valent ensemble 800 ans; ce qui fait un total de 4,800 ans. En multipliant ce nombre par 360, on a l'équivalent en années des hommes :

$$4,800 \times 360 = 1,728,000.$$

---

[1] Quelques Brammes disent que la terre tourne autour du soleil; mais le plus grand nombre soutient qu'elle est immobile. Ce passage de Monou, interprété comme il doit l'être, semble venir à l'appui du mouvement de la terre, et suppose une vraie connaissance des rapports du soleil, de la lune et de notre globe.

Le second âge vaut 3,000 ans et a deux *crépuscules* de 600 ans; total 3,600 ans :
$$3,600 \times 360 = 1,296,000.$$

Le troisième vaut 2,000 ans et a deux *crépuscules* de 400 ans; total 2,400 :
$$2,400 \times 360 = 864,000.$$

Le dernier vaut 1,000 ans et a deux *crépuscules* de 200 ans; total 1,200 ans :
$$1,200 \times 360 = 432,000.$$

La somme des quatre *âges* des dieux est de 12,000 ans;
$$12,000 \times 360 = 4,320,000,$$
valeur d'un *Yougo*. (Monou, liv. 1, vers. 69, 70, et Shoûrdjyo, chant I.)

Il est évident que les *crépuscules* et les nombres fondamentaux des *âges*, qui vont toujours en diminuant d'un quart à partir du premier *âge*, sont la base romanesque de tout le reste.

Shoûrdjyo est plus précis que Monou pour le développement de son système; il dit que soixante et onze fois les quatre *âges* des dieux, avec un *crépuscule* égal au premier *âge*, font un *Monontoro*,
$$71 \times 4,320,000 + 1,728,000 = 308,448,000;$$
que quatorze *Monontoros*, avec un *crépuscule* égal au premier *âge*, font un *Kolpo*,
$$14 \times 308,448,000 + 1,728,000 = 4,320,000,000;$$
que ce *Kolpo*, multiplié par deux, fait un jour et une nuit de Brommo,
$$2 \times 4,320,000,000 = 8,640,000,000;$$
que Brommo doit vivre cent ans composés de cette *hémérynyctée*,
$$100 \times 360 \times 8,640,000,000 = 311,040,000,000,000;$$

que la moitié de la vie de Brommo s'est écoulée; qu'il avait encore 155,520,000,000,000 ans d'existence, quand le *Kolpo* actuel commença; que ce *Kolpo* a déjà 1,970,784,000 années de passées comme suit :

Un *crépuscule* qui vaut...............	1,728,000 ans.
Six *Monontoros* et six *crépuscules*........	185,088,000
Vingt-sept *Yougos* du septième *Monontoro*.	116,640,000
Le premier *âge* du vingt-huitième *Yougo*.	1,728,000
Total..........	1,970,784,000.

Du temps de Moyo, il ne restait que 155,518,029,216,000 ans à vivre à Brommo; il avait vécu 155,521,970,784,000 années; il avait détruit et créé de nouveau l'univers 36,001 fois, car il fait cette double opération de 4,320,000,000 en 4,320,000,000 ans, tous les matins et tous les soirs. (Monou, liv. I, vers. 72, 73, 74, 75, 76, 77, 78.) Il y aura encore 35,999 destructions et créations nouvelles jusqu'à la fin de l'existence de Brommo; cela est certain et sérieux comme toute cette profonde chronologie de Moyo qui est adoptée et expliquée par Monou.

Moyo expose son système chronologique en disant qu'il lui est révélé immédiatement *par le Soleil*. Monou, au contraire, ne reçoit point de la divinité la communication de ce système; il ne dit point qu'il est conforme à la tradition; il déclare seulement que ce qu'il dit de la chronologie est « suivant le système (*tothabidhoh*). » Quand Moyo parle du temps, de ses divisions en degrés, en minutes et en secondes, il ajoute après : « cela est conforme aux règles traditionnelles (*shmrita*); » mais quand il a fini d'exposer son système, il ne dit rien qui en marque l'origine; il passe aux révolutions des corps célestes, et il ajoute le mot *shmrita* après l'exposition générale des règles de leurs mouvements; car les principes des mouvements des corps célestes et la division du cercle et du temps n'étaient pas de son invention. C'est cet ensemble de considérations qui me fait soupçonner que Monou était postérieur à Moyo; j'ai encore d'autres raisons pour cela.

Cette chronologie fabuleuse n'a pas été admise aussitôt par les romanciers; plusieurs systèmes, comme on le voit dans les *Pouranas*, voulurent en vain supplanter ou modifier celui de Moyo. Ce n'est guère qu'après le v° siècle de notre ère que le système de Moyo fut généralement admis, et que le quatrième âge, *Koli-youg*, passa dans la chronologie réelle, en concurrence avec des *ères* diverses de princes et de longues *périodes* de révolutions planétaires.

Les astrologues qui fixèrent le dernier point de départ du signe du Bélier dans le zodiaque arrêtèrent l'âge *Koli-youg* à leur convenance. L'an 500 de J. C., ils voulaient que le Soleil, pour venir au point où il était observé à l'équinoxe du printemps actuel, eût parcouru deux fois 27°, en allant de là vers Krittika et en revenant, par un mouvement oscillatoire de 54″ par an : 3,600 ans fut, en conséquence, l'âge convenu de *Koli-youg*, car il fallait juste ce temps-là pour une précession de 54°, à raison de 54″ par an. Moyo, qui vivait 155 ans avant eux, et avait dit qu'il écrivait à la fin du quatrième âge, appelé *Krito*[1], et au commencement du premier, appelé *Koli* (Voir ci-après l'extrait de Shoûrdjyo Shiddhanto), ne les arrêta pas; on supposa que depuis lui les âges *Treta* et *Dœapor*, qui valent 2,160,000 ans, s'étaient écoulés, ainsi que 3,600 de *Koli* : on savait encore que toute cette chronologie imaginaire de Moyo pouvait être dérangée sans scrupule, pourvu qu'elle convînt à ce qu'on

---

[1] Krito est le quatrième âge sous le rapport de la grandeur, Treta le troisième, Dœapor le deuxième, et Koli le premier.

voulait en faire. Ces ignorants astrologues essayèrent de plus de fixer la position des étoiles radicales des vingt-sept No-khyottros, et ils gâtèrent quelques déterminations de Moyo pour les accommoder à leur manière, ne pouvant observer comme lui ou ne comprenant pas ses observations; ils firent comme Eudoxe ou Aratus, qui embrouillèrent l'ancienne sphère en voulant l'adapter à leur temps. Les Indiens ont une chronologie réelle, qui ne remonte pas haut en comparaison de la précédente. Il faut distinguer, dans cette chronologie, les ères des cycles : les ères qui ont pour point de départ la naissance ou la mort d'un prince sont généralement sans fiction; mais les cycles sont suspects. Depuis l'adoption du système de chronologie fabuleuse, on les a plus ou moins rapprochés de *Koli-youg*, en supposant qu'ils avaient un nombre plus ou moins grand de révolutions déjà accomplies. Voici la liste des ères principales et des cycles les plus usités dans l'Indostan, d'après les tables chronologiques du savant J. Prinsep, que je n'oublierai jamais, à cause des belles qualités de son cœur et de l'amitié dont il m'honorait pendant sa vie, lorsque j'étais curé de Chandernagor. Je suivrai, pour cet extrait, l'alphabet anglais.

ÈRES DIVERSES PLUS OU MOINS USITÉES.	COMMENCEMENT avant ou après l'ère chrétienne.	SOMME à ajouter à ces ères ou à en retrancher relativement à l'ère chrétienne
Samvat (*Sumbut*), depuis la mort de Vikra-ma'ditya, qui arriva à la nouvelle lune de mars, commence avant J. C............	57	— 56 ?
L'an Saka (*Shak*) de Saliva'hana, depuis l'équinoxe du printemps, commence après J. C. l'an........................	79	-+- 78 ?

ÈRES DIVERSES PLUS OU MOINS USITÉES.	COMMENCEMENT avant ou après l'ère chrétienne.	SOMME à ajouter à ces ères ou à en retrancher relativement à l'ère chrétienne
Ère qui commence à la mort de Bouddha, et qui est usitée dans l'Inde, à Ceylan, à Ava, à Siam et au Pégou, avant J. C. l'an.....	544	$-$ 543
Kali-yuga (*Kol-youg*) commence un vendredi, le 18 février, avant J. C. l'an 3102; mais la première année de l'ère chrétienne est, dans ce chiffre, la 3102 de Kol-youg. Il faut donc dire que Kol-youg commence 3101 ans avant J. C. ci...............	3102	$-$ 3101
Bengali-sun, ère du Bengale, commence après J. C. l'an...................	594	$+$ 593$\frac{1}{4}$
Vilàyati, ère d'Orissa, commence après J. C. l'an....................	593	$+$ 592$\frac{3}{4}$
Shuhoor-sun, ère des Marhattes, commence après J. C. l'an...................	600	$+$ 599
Fusly, ère du nord de l'Inde, commence après J. C. l'an...................	593	$+$ 592$\frac{1}{4}$
Fusly, ère du sud de l'Inde, commence après J. C. l'an.......................	591	$+$ 590
Juloos-sun, de Beejapour, commence au temps d'Adil-shah II, l'an de J. C............	1657	$+$ 1656
Ràj-abhishèk, des Marhattes, commence au règne de Sivaji, l'an de l'ère chrétienne..	1665	$+$ 1664
Julàli, ère de Malek-shah, de Perse, commence en mars après J. C. l'an..........	1079	$+$ 1078$\frac{1}{4}$
Ère de Yezdijird, de Perse, commence le 16 juin après J. C. l'an..............	632	$+$ 631$\frac{1}{2}$
Hégire (année lunaire), qui commence le 16 juillet après J. C...............	622	$+$ 621
Me-kha-gya-tsho, ère du Tibet, qui commence en mars après J. C. l'an...........	622	$+$ 621

ÈRES DIVERSES PLUS OU MOINS USITÉES.	COMMENCEMENT avant ou après l'ère chrétienne.	SOMME à ajouter à ces ères ou à en retrancher relativement à l'ère chrétienne
Newar, ère du Nepal, commence en mars après J. C. l'an	870	+ 869
Balabhi Samvat [1], de Somnath, commence en mars après J. C. l'an	318	+ 317$\frac{1}{4}$
Siva Singha Samvat, du Gujerat, commence, comme l'ère précédente, en mars après J. C. l'an	1113	+ 1112
Ère birmane, de Promé, commence en mars après J. C. l'an	79	+ 78$\frac{1}{4}$
Ère birmane vulgaire, commence en mars après J. C. l'an.	639	+- 638
Ère birmane, grande époque, commence en mars avant J. C. l'an	692	— 691
Ère javanaise, *aji saka*, commence en mars après J. C. l'an	74	+ 73
Ère de Bali, commence en mars ap. J. C. l'an	81	+ 80
Ère des Jains, de Mahavira, commence avant J. C. l'an	629	— 628
Ère de la naissance de *Buddha*, d'après les Chinois, commence avant J. C. l'an	1027	— 1026
Période de 1000 ans de *Parasuràma*; première année du quatrième cycle, en septembre de l'an, après J. C.	825	+ 824$\frac{1}{4}$
Période de 90 ans, de *Grahaparivrithi*; la première année du 21e cycle commence après J. C. l'an.	1777	+ 1776
Période de 60 ans, de Jupiter; d'après Shoùr-djyo, première année du 84e cycle, commence après J. C. l'an.	1796	+ 1795

[1] Cette ère commence 319 ans après J. C. d'après le savant M. Reinaud. Voir p. 143 des *Fragments inédits relatifs à l'Inde*, etc.

ÈRES DIVERSES PLUS OU MOINS USITÉES.	COMMENCEMENT avant ou après l'ère chrétienne.	SOMME à ajouter à ces ères ou à en retrancher relativement à l'ère chrétienne
Période (Telinga); première année du 83ᵉ cycle, commence après J. C. l'an.......	1807	+ 1806
Idem (Thibet); première année du 14ᵉ cycle, commence après J. C. l'an............	1807	+ 1806
Idem (Chinois); première année du 76ᵉ cycle, commence après J. C. l'an............	1804	+ 1803
Sun hidjori, ère usitée dans la province de Dacca, commence après J. C. l'an.......	586	+ 585
Sun Moghi, ère usitée du côté d'Assam, où sont les Moghs, commence après J. C. l'an	1639	+ 1638
Samvat, ère de Gôpalo, commence à la lune de Mars, après J. C. l'an.............	943	+ 942 $\frac{1}{4}$
Sholo, ère d'Oujeïn, qui commence 685 ans avant J. C. (C'est peut-être l'époque de la mort du roi d'Oujeïn, dit Sholi-vahono.)	685	— 684

L'ère de la naissance de Bouddha est une invention moderne; le Bouddha de 1027 avant J. C. est identiquement le même personnage que celui dont la mort est placée d'une manière certaine vers l'an 544 avant J. C. et forme époque chez les Bouddhistes. (Voir le *Journal Asiatique* de Calcutta, n° de novembre 1833.)

Les quatre ères qui terminent la table sont extraites des almanachs populaires de Dacca et des livres indiens.

On peut juger, par cette table d'époques chronologiques, combien l'Inde est pauvre en histoire véritable, qui demande de l'uniformité dans les ères, et combien il y a de confusion et de contradictions dans ses Pourans. Son nom de *Bharotoborsho* prête à un jeu de mots chez les Brammes, qui le changent en *Barotoborsho*, et disent : *le pays de Bharot* (l'Inde), c'est *les douze ères*. En effet, l'Inde est un pays où il y a autant d'ères que de villages et d'écrivains; c'est la région de la philosophie des gymnosophistes, des Mages et des Brammes arrivée à sa ténébreuse perfection, qui est la confusion, l'idolâtrie et l'esclavage social.

CHAPITRE X.

MOUVEMENTS DES CORPS CÉLESTES, SYSTÈME DU MONDE, PHYSIQUE.

Je ne sais si Moyo a inventé sa chronologie fabuleuse pour l'adapter à ses longues périodes astronomiques, ou s'il a fait l'inverse. Il est certain que ces deux inventions semblent faites l'une pour l'autre. Les astronomes qui vinrent peu de temps après cet auteur, qui passe pour inspiré, *parce qu'il a dit qu'il l'était*, changèrent et les périodes et la chronologie qui ne leur convenaient pas ou ne convenaient plus à leur époque; mais depuis plusieurs siècles la chronologie et les périodes de Moyo ont repris le dessus; des corrections (*bij*) en plus ou en moins, selon les besoins du moment, ont été faites aux moyens mouvements qui lui furent révélés par le Soleil, qui avait pris pour cela, comme il le dit (chant I), la forme d'un homme. Ce poëte chargeait un peu l'invocation aux dieux et aux muses, qui se trouve toujours au commencement des poëmes grecs et latins, qu'il voulait imiter probablement; à moins que, comme les Mages, il n'ait vu Mithra.

Quelques savants ont voulu expliquer la formation des périodes de mouvements planétaires, au moyen de quelques observations de ces planètes; ils ne voulaient pas admettre la révélation faite à Moyo de toutes ces longues périodes, et encore moins leur acquisition par le moyen d'observations suivies pendant 4,320,000 ans. Il est évident,

7

en effet, que les moyens mouvements des planètes peuvent s'obtenir approximativement par quelques années d'observation; que ces moyens mouvements, réduits en unités du dernier ordre, peuvent, étant multipliés par certains nombres, former les périodes de révolution de Shoûrdjyo Shiddhanto.

Ainsi Moyo ayant obtenu, pour le mouvement annuel de Saturne, le nombre de $12°12'50''24'''$, le réduisit en tierces et eut son équivalent $2{,}638{,}224'''$, qui multiplié par 4320000, le *Moho-yougo* chronologique, donne $11{,}397{,}127{,}680{,}000'''$; en divisant ce mouvement de Saturne pendant $4{,}320{,}000$ années par $77{,}760{,}000'''$, qui est le nombre des tierces comprises dans une révolution ou 360 degrés, il eut pour quotient le nombre des révolutions ($146{,}568$) de Saturne pendant $4{,}320{,}000$ ans.

Les autres périodes de révolution purent se former de la même manière. Quelques commentateurs disent que Moyo suppose une conjonction générale des planètes au commencement du *Kolpo*, et que c'est là l'époque d'où il faut partir pour calculer avec ses moyens mouvements. Je n'ai pu rien découvrir dans son ouvrage qui vienne à l'appui de cette opinion. D'autres commentateurs prétendent que ce n'est pas au commencement du *Kolpo*, mais à la fin de ses $17{,}064{,}000$ premières années, qui furent employées à la création, et au bout desquelles les planètes furent mises en mouvement à partir du ♈. L'opinion de ces commentateurs n'est pas plus fondée que celle des autres; car Moyo ne dit point que les planètes furent mises en mouvement à partir d'une conjonction générale à la fin de la création; il dit seulement que le Soleil et tous les corps célestes, mobiles et immobiles, furent créés dans l'espace de $17{,}064{,}000$

ans [1]; et il ajoute plus bas que c'est à partir du *Koli-youg*
qu'il faut calculer désormais la position des planètes, en
faisant la somme des années, des mois, des jours, des heures
et des parties d'heures postérieure à l'an 1,953,720,000,
qui marque exactement son âge diminué des 17,064,000
années employées à la création; c'est-à-dire que l'on doit
partir de l'époque de Moyo (de l'an 345 de l'ère chrétienne) qui arrive 1,953,720,000 ans après l'existence
donnée aux planètes. Moyo dut calculer, pour un équinoxe
de son temps, la position des planètes; et cette position
fut ce que l'on appelle *khyêp* dans l'astronomie pratique,
et ce que nous appelons *époque*. C'est ainsi qu'entendent
Shoûrdjyo Shiddhanto les meilleurs auteurs de tables astronomiques. Je crois même découvrir cette position des planètes dans l'un des chapitres du *Shoûrdjyo;* cela sera vé-
rifié tôt ou tard, si l'on entreprend la traduction exacte et
littérale de ce livre, dont le texte, trop souvent corrompu
par des copistes ignorants, devrait être premièrement réformé avec soin et imprimé. C'est d'ailleurs l'ouvrage le plus
important, pour l'histoire des sciences orientales, que l'on
connaisse dans toute la littérature sanscrite; les commen-

---

[1] Oshtabingshayougadoshmat djatometot Kritong-yougong : Otoh koling pro-
shongkhyayoshongkhyamekottropindoyet. Grohorkhyodoïbodoïtyadi shridjotó
shyotchoratchorong : Kritadrivedadibyabdah shotodhabedhoshomotah. « Le
vingt-huitième Youga est commencé jusqu'au Krito-youg inclusivement; vient
maintenant le Koli-youg et avec lui la somme des années écoulées, y compris cent
fois quatre cent soixante et quatorze années divines (*âge-montagne-Védas*), employées à la création du soleil et de tous les astres mobiles et immobiles. »
(Voir l'extrait du premier chant du *Shoûrdjyo Shiddhanto,* dans le chapitre
suivant.) Ces 47,400 années divines multipliées par 360 donnent 17,064,000
années humaines, qui mesurent pour nous la durée du temps de la création
des corps célestes.

tateurs nombreux qui rapportent le texte pour le commenter et l'expliquer à leur manière, serviraient beaucoup à faire retrouver le vrai texte par la comparaison des différentes versions qu'ils suivent.

Bentley part du *Koli-youg* pour trouver l'âge de Moyo, au moyen de ses tables, qu'il compare à celles de Lalande; et il suppose, comme tous les Brammes actuels, que le *Koli-youg* commence 3,101 avant l'ère chrétienne. Cette supposition ne pouvait que l'égarer davantage dans ses recherches, que j'ai déjà examinées sous un autre point de vue.

Les révolutions des apsides et des nœuds des planètes ont été calculées pour la durée d'un *yougo*, comme les moyens mouvements. Suit la table générale de toutes les périodes de Moyo, avec l'inclinaison des orbites des planètes, leur circonférence, leur révolution sidérale, la grandeur des cycles et épicycles, etc.

TABLE DES PÉRIODES.

RÉVOLUTIONS DU SOLEIL ET DES PLANÈTES PENDANT L'YOUGO.

☉	4320000
☽	57753336
☿	17937026
♀	7022376
♂	2296832
♃	364220
♄	146568
☋	600 [1]
Jours de l'Yougo....	1577917828

[1] Révolutions oscillatoires du ☋, 27° à droite et 27° à gauche du commencement de la station d'Ashiné, à raison de 54" de précession annuellement.

RÉVOLUTIONS SIDÉRALES.		MOUVEMENTS DIURNES en degrés, minutes, etc.
☉	365ʲ,25875648	0° 59′ 8″ 10‴ 10″″
☽	27, 32167416	13 10 34 52 3
☿	87, 96986900	4 5 32 19 1
♀	224, 69856755	1 36 7 43 39
♂	686, 99749390	0 31 26 28 11
♃	4332, 32065235	0 4 59 8 48
♄	10765, 77307461	0 2 0 22 53

RÉVOLUTIONS DES APSIDES PENDANT LE KOLPO.

☉ 387

☽ 488203000

☿ 368

♀ 535

♂ 204

♃ 900

♄ 39

RÉVOLUTIONS DES NŒUDS RÉTROGRADES PENDANT LE KOLPO.

☽ 232238000

☿ 488

♀ 903

♂ 214

♃ 174

♄ 662

INCLINAISON DE L'ORBITE DES PLANÈTES SUR L'ÉCLIPTIQUE.

☽ 4° 30′

♂ 1 30

☿ 2

♃ 1

♀ 2

♄ 2

L'inclinaison de l'écliptique sur l'équateur est de 24°.

ORBITES DU SOLEIL, DES PLANÈTES, DE LA TERRE, DU NOEUD,
DE L'APOGÉE, DES ÉTOILES ET DE L'AIR, EN YÔDJONOS.

☉	5059 yôdjonos.
☽	324000
☿	1043208
♀	2664637
○	4331500
♂	8146909
Apsides	38328484
♃	51375764
Nœuds	80572864
♄	127668255
.	259890012
Air	1871208086400o

GRANDEUR

EN DEGRÉS ET EN MINUTES

De la circonférence de chacun des cercles qui seraient décrits sur les
grands et les petits axes des cycles et des épicycles ovales du soleil
et des planètes, relativement à la grandeur de l'orbite de chacun des
corps célestes, qui est le déférent de leurs cycles et épicycles respectifs.

	☉	☽	♂	☿	♃	♀	♄
ÉPICYCLES OVALES.							
Grandeur du cercle décrit sur le grand axe.	//	//	75°	30°	33°	12°	40°
Id. sur le petit	//	//	72°	28°	32°	11°	39°
CYCLES OVALES.							
Grandeur du cercle décrit sur le grand axe.	14°	32°	235°	133°	72°	262°	49°
Id. sur le petit........	13°40'	31°40'	232°	132°	70°	260°	48°

Les grands diamètres des cycles et épicycles sont dans
la ligne des apsides et des nœuds; il n'y a exception que
pour les grands diamètres des épicycles de Jupiter et de Saturne, qui sont perpendiculaires à cette ligne. La figure
(n° 54) représente ce système ancien d'après les données
précitées, extraites du deuxième chant du *Shoûrdjyo*.

La mesure des orbites est extraite du deuxième chant.

On voit dans la figure du système du monde les deux
orbes de deux planètes invisibles et imaginaires, qui sont
aux nœuds et aux apsides. La planète des nœuds est coupée
en deux; la partie supérieure, semblable à la tête d'un
homme, s'appelle Rahou (voir n° 55); l'autre partie se
nomme Ketou (voir n° 56). Cette planète est, disent les
Brammes, un Oshor qui est immortel, parce qu'il a bu du
nectar divin, mais qui a eu la tête tranchée par Wishnou;
cette tête occasionne beaucoup de frayeur sur la terre,
lorsqu'elle ouvre la bouche (voir n° 5♉) pour dévorer le
soleil ou la lune dans les éclipses. Il est très-heureux que
les Brammes sachent prévoir les mauvaises intentions de
Rahou; car le peuple est averti d'avance par eux, pour l'é-
pouvanter lui-même et lui faire lâcher prise en cas de besoin. On ne peut faire trop de bruit pendant les éclipses,
ni donner trop d'argent ou de comestibles aux pauvres et
aux Brammes. Il n'y a rien qui fasse plus peur à cet ennemi
du soleil et de la lune, qu'un charivari complet; aussi
poêles, chaudrons, tambours, trompettes, coquilles et tous
les instruments de tapage font entendre pêle-mêle, aux bords
du Gange et dans les villages, des sons aigus, discordants
et assourdissants. Les hommes sont sérieux, comme si la fin
du monde allait arriver; les femmes et les enfants sont
tristes; tous espèrent que la crise solaire ne sera pas longue

ou dangereuse. Les Brammes astrologues sont là, leurs calculs à la main, pour rassurer la foule empressée de les entendre et de les admirer dans les prédictions de la science astrologique, qui triomphe appuyée sur l'astronomie.

Comme Ketou est à l'opposé du soleil, au fond de la mer, on lui donne une forme de serpent, de sorte qu'il peut nager. Son nom Κῆτος indique qu'il est un monstre marin. Le nœud ascendant et le nœud descendant sont, pour les Indiens modernes, deux planètes distinctes; mais cela est contraire à l'opinion des anciens. Les deux planètes invisibles sont le nœud, qui a deux parties, et l'apside qui a aussi deux parties, l'apogée et le périgée (voir nᵒˢ 58, 59).

Parmi les Dêbtas qui ont soin des astres, l'*apside* n'a pas le moins de travail; c'est ce Dêbta qui a la charge de placer le soleil dans un point de l'espace plus ou moins éloigné de la terre, pour procurer l'été et l'hiver aux humains et les six saisons intermédiaires. Il a les bras longs, les reins forts et l'œil juste. Il y a combat perpétuel entre sa tête et son corps qui veulent avoir le soleil chacun de leur côté. C'est comme Rahou et Ketou qui se battent continuellement au sujet de la lune et du soleil.

Ce que nous appelons forces centripète et centrifuge, les Indiens l'appellent force de Dieu, directions de Dieu. Le mouvement des corps célestes se fait par la force et la direction de Dieu. Quoique Dieu soit en tout et partout, ils le disent plus présent là où son action paraît. Les Dêbtas, conducteurs des corps célestes, sont les doigts de la divinité. Ce qu'ils font, Dieu le fait. C'est à cause de cette manifestation de la vertu divine dans toutes les œuvres de la création, soit pour les créer, soit pour les conserver, soit pour les détruire, que la divinité est adorée dans toutes ses créatures, sous les trois rapports précités, qui prennent les noms de Bromma, Vishnou et Shiva. Ainsi Dieu est en *tout*, *tout* est en Dieu, *tout* est Dieu, Dieu est *tout*, sont des propositions équivalentes dans le système philosophique qui a produit et qui soutient l'idolâtrie. Brommo, Dieu bon et créateur, est opposé à Shiva, dieu méchant et destructeur. Vishnou, qui conserve, est le produit de l'opposition de Brommo et de Shiva; c'est l'*Horus* égyptien. On l'appelle *Hori*, et l'on prononce ce nom en mourant, si l'on peut, afin d'être conservé quant à l'âme. *Horibol, Horibol, Horibol* (pense à *Hori*, prononce *Hori*, que *Hori* te garde!) sont les trois dernières paroles que les Brammes, les parents et les amis d'un malade lui crient aux oreilles, pendant qu'on l'étouffe ou qu'on le noie religieusement dans la boue et l'eau du Gange, immédiatement avant la combustion [1].

En fait de physique les Indiens sont aussi bas qu'en fait de religion et de philosophie. Le tremblement de terre (*bhoûmi-kompo*) est expliqué de deux manières par les savants. Les uns disent que c'est un effet de la fièvre qui agite *la tortue qui porte la terre;* ou au moins, quand le tremblement est petit, que c'est un signe de la fatigue qu'éprouve cet animal amphibie. Les autres qui placent entre la tortue et la terre un énorme serpent à deux têtes, disent que les tremblements de terre ont lieu toutes les fois que le serpent fait sauter la terre d'une tête sur l'autre.

Les Brammes, qui ne sont pas aussi savants mais plus pieux, affirment que les tremblements de terre n'arrivent qu'à cause de l'augmentation du mal. Un grand pénitent,

---

[1] Le mot *bol*, dans *horibol*, pourrait encore désigner Bélus ou Baal; dans ce cas on rappellerait au mourant qu'on le recommande à Horus-Baal-Bélus Vishnou-Mitra, qui est le même sous des noms divers.

un Mouni (moine, μόνος) qui vit solitairement au haut du mont Merou, au nord de l'Himaloyo, entre en colère, quand il voit le mal surpasser la mesure que comporte le siècle ; et il fait trembler la terre en la frappant du pied, afin d'avertir les pécheurs.

L'arc-en-ciel, le tonnerre, les éclairs, la foudre sont les amusements de Vorounc (dieu de l'eau), qui chasse dans les nuages. L'arc-en-ciel est son arc ; les éclairs sont ses flèches ; le tonnerre est la vibration de la corde de l'arc ; la foudre qui tombe annonce qu'il dirige les coups un peu trop bas, ou qu'il en veut à la terre.

Les parhélies et parasélènes sont les signes certains de quelque réunion des Dêbtas, de quelque fête ou de quelque conseil général aux palais du soleil et de la lune. Le *Ramayone* (liv. I, chap. LXVI) contient une belle description de ces assemblées dites *Shobhas*. Voilà probablement comment l'on doit entendre la conjonction générale de tous les astres, au commencement du monde et dans d'autres temps postérieurs ; cette conjonction était un *parhélie* ou réunion des Dêbtas, conducteurs des astres.

Enfin, les comètes et les étoiles filantes ne sont qu'un peu de fumée qui sort des narines de l'invisible Ketou.

Il ne faut pas croire que Moyo ait déterminé la grandeur des orbes des planètes, des étoiles et de la limite de l'air, d'après la plus petite observation. Il suppose d'abord qu'un Pitri voit le rayon de la terre, égal à 800 yôdjonos (6,325,360 mètres), quoique le cercle équatorial soit de 5059,6 yôdjonos (40,004,744 mètres), sous un angle de 53′20″, qui est la parallaxe horizontale moyenne de la lune. Ensuite, à cause de la réciprocité des mesures et des angles, il conclut que l'orbite de la lune est de 32,400 yôdjonos.

et que la lune est à près de 64 rayons terrestres loin de nous. L'orbite de la lune, multipliée par ses révolutions pendant 4,320,000 ans, donne celle de l'air; celle-ci, divisée par les révolutions des planètes et les 72,000 saisons divines des 12,000 années correspondantes des Dieux, donne les orbites harmoniques des planètes, des apsides, des nœuds et des étoiles du firmament.

Les inclinaisons sur l'écliptique ont été obtenues par quelques observations grossières. Les nombres ronds, comme 24° pour le soleil, relativement à l'équateur; 2° pour ☿, ♀ et ♄, ont été trouvés suffisants pour l'usage qu'on en voulait faire dans le calcul, et les astronomes actuels ne les changent pas, quoiqu'ils sachent qu'ils sont inexacts.

Les nœuds rétrogrades et les apsides ont été corrigés bien des fois depuis Moyo. Les cycles et épicycles qui servent, dans la théorie, au calcul de l'anomalie et de diverses équations, ont reçu aussi beaucoup de modifications; quelques astronomes les ont même supprimés entièrement.

Les planètes, y compris le soleil, ont été placées à une distance plus ou moins grande de la terre, selon que leur révolution sidérale se fait en moins ou plus de temps; de là Vénus au delà de Mercure.

La terre est-elle une planche mal polie, qui nage sur l'eau, et dont la longueur serait de l'est à l'ouest? Est-elle comme un cône placé sur une feuille de lotus déployée à la surface des eaux? Est-elle une boule portée sur les têtes d'un serpent monté lui-même sur le dos d'une tortue qui nage dans l'Océan? Ou enfin est-ce un globe qui flotte dans l'air? Ces divers systèmes ont des partisans. Les astronomes sont pour le dernier, les érudits pour le premier, et les poëtes pour les deux autres. La terre est sans révolution dans toutes les hypothèses. Les astres tournent autour d'elle ou du mont Merou, qui est au milieu, et font le jour et la nuit. Cela suffit pour l'explication des phénomènes.

Comme on n'admet pas que le soleil s'écarte jamais de l'écliptique d'une distance égale au rayon d'un épicycle, qui aurait 108 degrés de circonférence, relativement à l'écliptique qui serait son déférent, on ne peut expliquer la précession et la rétrogradation des équinoxes que par un mouvement oscillatoire. Du reste, on ne doit pas attacher d'importance à cette précession oscillatoire de Moyo. C'est là une hypothèse comme celle des *orbites* des planètes et des *limites* de l'atmosphère. Moyo, qui observait l'équinoxe du printemps au commencement d'Aṣhiṇ, arrêta que le commencement d'Aṣhiṇ serait le centre des révolutions équinoxiales. Afin de concilier avec son système les anciennes traditions et la formation des mois, d'après lesquelles l'équinoxe aurait été observé au commencement de Krittika, il dit que le point équinoxial se promène de Krittika vers Pourbo-Bhadro et de Pourbo-Bhadro vers Krittika, en faisant une révolution de 108 degrés, à raison de 54″ par an ou de 2″ par Nokhyottro. Il est évident, en outre, que 27° à droite et 27° à gauche d'Aṣhiṇ sont des nombres choisis à volonté. 26° 40′ qui marquent la longueur d'Aṣhiṇ et de Bhoroni auraient mieux convenu; mais il fallait un nombre rond et facile à retenir. En conséquence, 27°, qui est un nombre rond et que rappelle le nombre des Nokhyottros, a été choisi de préférence à l'autre, quoiqu'il soit trop grand de 20′ pour le temps de la formation des mois.

CHAPITRE XI.

EXTRAIT DU PREMIER CHAPITRE DU *SHOÛRDJYO SHIDDHANTO*, SYSTÈME CHRONOLOGIQUE, RÉVOLUTIONS DES CORPS CÉLESTES PENDANT L'YOUGO CHRONOLOGIQUE, INCLINAISONS DES ORBITES PLANÉTAIRES SUR L'ÉCLIPTIQUE, COMMENTAIRE, CITATIONS DE MONOU POUR LA CHRONOLOGIE, ETC.

———

१ षड्भिः प्राणैर्विनाडीस्यत् तत् षष्ठा नाडिकाः स्मृता ।
नाडी षष्टात्त नक्षत्र मह्योरात्रं प्रकीर्त्तितं ॥

२ तत्रिंशत्ता भभेन्मामाः मावनर्काठ्यैस्तथा ।
एन्दुस्तिथि भिस्तत्वत् संक्रान्त्या सौरउच्यते ॥

३ मासैर्द्वाद्शभिर्वर्ष दित्यंतद्धरूच्यते ।
सुरासुराणां मन्योन्यं मह्योरात्रं विपर्य्यते ॥

४ तत्षष्टिः षडुगुणाढिव्यंवर्ष मासुमेवच ।
तत्द्वाद्शसहस्राणि चतुर्युग भृठाहृतं ॥

५ सृर्य्याब्द संख्यया द्वित्रिसागैरयुताहृतै ।
सन्ध्यासन्ध्यांशसहितं विज्ञेयं तच्चतुर्युगं ॥

६ कृताद्दीनं व्यवस्थेयं धर्म्मपठेव्यवस्थया ।
युगस्य द्शमो भागश्चतुस्त्रिन्ध्येक संगुणः ॥

९ क्रमात् कृतयुगादीनां षड्भेशः सन्ध्ययाः स्वकः ।
युगानां सप्रतिमैका मन्वन्तर मिह्योच्यते ॥

८ कृताब्द संख्यातस्यान्ते सन्धि: प्रोक्तो जलप्लव: ।
समन्धियन्ते मनव: कल्पेऽस्मेयाश्चतुर्दश: ॥

९ कृतप्रमाण: कल्पादौसन्धि: पञ्चदश स्मृत: ।
इत्थं युगसहस्रेण भृतसंहारकारक: ॥

१० कल्पौब्रह्मेमह: प्रोक्तं शर्ब्बरीतस्यतावती ।
परमायु: शतं तस्यतयाहोरात्र संख्यया ॥

११ आयुसोर्द्धागतं तस्यशेषात् कल्पो मयाह्रित: ।
कल्पाद्स्माच्छमनव: सव्यतीता: सन्धसन्ध्य: ॥

१२ वैवस्वतस्यच मनोर्युगानां त्रिघनोगत: ।
अष्टाविंशायुगा ह्स्मात् यातमेतत् कृतंयुगां ॥

१३ अत: कलिं प्रसंख्याय संख्यामेकत्र पिन्डयेत् ।
यहर्षदिवैत्यादि सृजतोस्य चराचरं ॥

१४ कृताद्द्विद्गादिद्व्याब्द्या: शतधाविध सोमता: ।
पश्चाव्रजन्तोतिजिवान्नक्षत्रै: सततंग्रह: ॥

१५ जीयमानस्तलम्वन्ते तुल्यमेषस्वमार्गगा: ।
प्राग्यतिंतेह् मतस्तेषां भगनै: प्रत्यह्ंगति: ॥

१६ परिणाह् वशाद्दिन्नास्त द्वशद्धानिभजंते ।
शीव्रगास्त तथाल्पेनकालेन महतापगा: ॥

१७ तेषान्त परिवर्त्तेन पौषृजान्ते भगण: स्मृत: ।
विकलानांकला षष्टा तत् षष्ठया भागउच्यते ॥

१८ तत्त्रिंशताभवेद्रासि भगणोद्दाद्शैवते ।
युगे सूर्य्यब्रश्चक्राणां खचतुप्कारठार्नवा: ॥

१८ कुजार्किगुरुशीघ्राणां भगणा: पृथ्वीयायिनां ।
इन्दोरसाग्निमित्रित्रीपुमप्रभृधरमार्गणा: ॥

२० दन्तद्दृष्टरसाङ्खाखिलोचनानि कुजस्यतु ।
बुधशीघ्रस्यर्तुष्णावाद्रित्रिऊनगेश्वर: ॥

२१ बृहस्पति: खठ्ठ्रास्विवेठसठ्ठ्रयत्तथा: ।
शितशीघ्रस्य षर्मैप्रत्रियमाश्विवभ्रधरा: ॥

२२ शनेर्भुजङ्गुषठगच्चरम्यवेठनिशाकारा: ।
चन्द्रोच्चस्याग्निसृन्याद्रिवसृसर्गान्र्नवायुगे ॥

२३ वामांगपातस्य सर्पाग्नियमाशिवाग्निठ्ठका ।
भेद्याभगणै: स्वैक्रणत्तस्योठ्याद्युगे ॥

२४ भवन्तिशशिनोमामा सूर्य्येन्दुभगणान्थरं ।
रविमासोनितान्तेच्च शेषांसु रविपासका: ।

२५ सावनात्यानिचान्द्योद्र्न्यं प्रोष्ठतिथिक्षया: ॥
उठयादुठयं भानोर्भूमि: सावनवासरा: ॥

२६ वसूद्दष्टोद्रिरूपाङुसप्राद्रित्तिथियो युगे ।
भानामष्टाक्षिवस्वाद्रित्रिद्विव्रष्टशरेश्वर: ॥

२७ चान्द्रा: खाठ्ठवबव्योमबाग्निवर्तुनिशाकरा: ।
षडुस्त्रिन्त्रिद्रुताशङुतिथयश्चाधिमासका: ॥

२८ तिथिक्षया यमार्थाक्षिव्राष्टव्योमासराश्विन: ।
खचतुष्कसमुद्राष्टरूप्यञ्च रविमासका: ॥

२८ आधिभासो नक्षत्रर्कचान्द्रसावनवासरा: ।
ततोमद्दृष्टगुणिता: कल्पेस्युर्भगणालय: ॥

३० प्रागतेः सूर्य्यमन्दस्यकल्पे सप्ताश्वबन्ह्रय: ।
कौयस्यवेदशुन्यश्वि वौधस्याष्टर्तुबन्ह्रय: ॥

३१ खवरन्ध्रानिलिवस्य शौक्रस्यार्धगुणेश्वर: ।
गो ऽग्रय: शनिमन्दस्य: पातानामथवामत: ॥

३२ मनुदस्रास्तकौजस्य बौधस्यछेसागरा: ।
कृताद्रिचन्द्राजीवस्य त्रिखाङ्कानिभृगोस्तथा ॥

३३ शनिपातस्यभगणाकल्पे यमरसर्तुर: ।
भगणा: पूर्ब्बमिवबत्र प्रोक्ताचन्द्राच्चपातयो: ॥

३४ परापनुनां संपिन्ध्यकालं तत्सन्धिभिमनु: ।
कल्पादिसन्धिनासाकं वैवस्वतमनोस्तथा ॥

३५ युगानांत्रिघनांधातं तथाकृतयुगास्तिह् ।
प्रोक्तासृटैस्तत: कालंपूर्ब्बोक्तांद्विव्यसंख्यया ॥

३६ सूर्य्याब्दसंख्ययात्रेया: कृतस्यान्ते गतावेमी ।
खचतुष्कयमोञ्रग्निसरनन्दनिशाकरा: ॥

३७ भचक्रलिप्राशीत्यांशौ: परमंढक्षिणोत्तरं ।
विक्षप्यते स्वपातेन संक्रान्त्यन्त धनुस्थग: ॥

३८ तत्तरामंद्विगुणितंजीव स्त्रिगुणितंकुज: ।
वुध: शुक्र शनि: पातैविक्षिप्यतेचतुर्गुणं ॥

३९ एवं त्रिघनरन्द्रार्कासार्काकां द्विशाह्रता: ।
चन्द्राठीनांक्रमादेता मध्यविक्षेपलिप्रिका: ॥

TRANSCRIPTION.

1. Shorhbhihpranoïrbinadishyattotshoshthanadikahshmrita :
Nadishoshtatounokhyottromohôratrongprokîrtitong.

2. Tottringshotabhobhenmashohshavonorkôdoïshtotha :
Oïndoroshtithibhishtottotshongkrantyashöourooutchyote.

3. Mashoïrdgadoshobhirborshongdityongtodohoroutchyote :
Shourashourañangmonyònyongmohôrattrongbipordjyote.

4. Totshoshtihshorhgouñadibyongborshomashouromebotchoh :
Totdgadoshoshohshrañitchotouryougemoudabritong.

5. Shoùrdjyabdoshongkhyoyadoitrishagoroïroyoutahotoïh :
Shondhyashondhyangshoshohitongbiggueyongtotchtchotouryou-
gong.

6. Kritadinangbyoboshtheyongdhormopodebyoboshthoya :
Yougoshyodoshomòbhagoshtchotoushtridyckoshonggounah

7. Kromatkritoyougadinangshoshthengshohshondhyayahshokoh :
Youganangshoptotimoïkamononntoromihòtchyote.

8. Kritabdoshongkhyatoshyanteshondhihprôktôdjoloploboh :
Shoshondhiyontemonobohkolpeggueyashtchotourdoshoh.

9. Kritopromañohkolpadöoushondhihpontchodoshosmritoh :
Inthongyougoshohoshreñobhoùtoshongharokarokoh.

10. Kolpöoubrommemohohprôktongshorborîtoshyotaboti :
Poromayouhshotongtoshyotoyahôrattroshongkhyoyah.

11. Ayoushôrdhagotongtoshyoshoshhatkolpômoyaditoh :
Kolpadoshmatchomonobohshorhbyotitahshondhoshondhyoh

12. Voïvoshotoshyotchomonoòryouganangtrighonògotoh :
Oshtabingshadjougadoshmatyatometotkritongyougang.

13. Otohkolingproshongkhyayoshongkhyamekottropmdoyet
Grohorkhyodoïbodoïtyadishridjotôshyotchoratchorong
4. 7. 4.   100.
14 Kritadrivedadibyabdvahshotodhabedhoshômotah :
Poshtchabrodjontôtidjobannokhyottroïhshototonggrohah

15 Dzîyomanoshtolombontetoulyomeshoshomargogah :
Pragyatittehmotoshteshangbhogonoïhprotyohonggotih

16. Poriñahoboshadbhinnashtodrishadbhanibhongnote
Shighrogashtotothalpenokalenomohotapogah.

17 Teshantoporibortenopöoushantebhogoñohshmritoh
60.   60.
Vikolanangkolashoshthatotshoshthyabhagöoutchyote.
30.   12.
18. Tottringshotabhobedrashirbhogoñòdoadoshoïbote :
☉   ☿   ♀   o ⚹ 4.   32.   4.
Yougueshoûrdjyogyuioshoukrañangkhotchotoushkorodarnobah.
♂   ♄   ♅
19. Koudjarkigourouhshîghrañangbhogoñahpoûrboyadjinang :
☾ 6.   3. 3. 3. 5.   7.   7.   5.
Indôroshagnitritrîshoushhoptobhoûdhoromargoñah.
32. 8.   6.   9.   2. 2.   ♂ .
20. Dontohoshtoroshangkôkhylôtchonanikoudjushyottou :
☿   o.   6.   o. 7. 3. 9.   7.   1.
Bhoudhoshìghroshyoshoûnyortoukhadritringkonogueshoroh
♅   o.   2.   2. 4.   6.   3.
21. Brihoshpotihkhodoshrashìvedoshobdotroyoshtothah :
♀   6.   7.   3. 2.   2. o. 7.
Shitoshighroshyoshorshoïptotriyomashîkhobhoûdhorah.
♄   8.   6.   5.   6.   4.   1.
22. Shonerbhoudjongoshorpontchoroshyovedonishakorah :
☾   3.   o.   2.   8.   8.   4.
Tchondrôtchoshyagnishoûnyakhyvoshoùshorparnovadjougue
nœuds.   8. 3.   2.   2.   3. 2.
23. Bamongpatoshyoshorpagniyomashikhagnidoshrokah :
Bhedeyabhogoñoïhshoïrhiñoshtoshyôdoyadoyougue.
☾   ☉   ☾
24. Bhobontishoshinômashashoûrdjyendoubhogoñanthorong :
☉   ☉
Robimashônitantetchosheshangshourobimashokah.
☾
25. Shavonatthanitchandredyôrhiñyongprôshtoutithikhyoyah :
Oudoyadoudoyongbhanôrbhoûmihshavonobashorah.

8.   2. 8. 7   1   9.   7. 7. 15.
26. Voshoùdyoshtadriroupangkoshoptadritithiyóyougue :
8.   2.   8. 7. 3.2.2. 8. 5. 1.
Bhanamoshtakhyvoshadritridjdyoshtoshoreshoroh.

☾   0. 8. 0. 0.   0.   0.3.   0.6.   1.
27. Tchandrahkhashtokhokhobyômokhagnikhortounishakorah :
6.   3.   3. 3.   9.   15.
Shorhoshtritrihoutashongkotithoyoshtchadhimashokah.

2.   5. 2.   2. 8.   0.   5.   2.
28. Tithikhyoyayomarthakhydjashtobyômashorashînoh :
0 × 4.   4.   8.   1.   5.
Khotchotoushkoshomoudrashtorouppontchorobimashokah

29. Adhimashônokhyottrorkotchandroshavonobashorah :
1000.
Eteshohoshrogouñitahkolpeshyourbhogonadoyoh.

☉   7.   8.   3.
30. Pragotehshoùrdjyomondoshyokolpeshoptashtovohniyoh :
♂   4.   0.   2.   ☿   8.   6.   3.
Kŏoudjoshyovedoshounyoshibŏoudhoshyashtortouvohniyoh.

0. 0.   9.   ♃   ♀   5.   3.   5.
31. Khokhorondranidjiboshyoshŏoukroshyarthogouñeshoroh :
9.   3.   ♄
Gôhgnoyohshonimondoshyohpatanamothobamotoh.

14. 2.   ♂   ☿   8.   8.   4.
32. Monoudoshrashtokŏoudjoshyobŏoudhoshyoshtòshtoshagorah :
4. 7. 1.   ♃   3. 0. 9.   ♀
Kritadritchondradjiboshyotrikhangkanibhrigòshtotha.

♄   2.   6.   6.
33. Shonipatoshyobhogoñakolpeyomoroshortouroh :
Bhogoñahpoùrbomebottreprôktatchondratchopatoyôh.

34. Poramonounangshongpindyokalongtotshondhibhimonouh :
Kolpadishondhinashakongvoïvoshotomonòshtotha.

35. Yougonangtrighouangghatongtothakritoyougashthidong :
Prôktoshrishtoïshtotohkalongpoùrbòktongdibyoshongkhyoyah.

☉
36. Shoùrdjyabdoshongkhyoyaggueyahkritoshyantegotokhemi :
0 × 4.   2. 7.   3.   5.   9   1.
Khotchotoushkoyomôdryognishoronondonishakorah.

S. S.
37. Bhotchokroliptashityangshoïhporomongdokhiñòttorong :
monds.   —
Bikhyoppyoteshopatenoshongkrantvontodonoushthogouh.

38. ☿ 3. ♀ × 2. ♄ ♃ × 3. ♂
Tottoramongdoigouñitongdjîboshtrigouñitongkoudjoh :
Boudhoḥshoukroshonihpatoïbikhypyotetchotourgounong. × 4.

39. ☾ $3 \times 3 \times 3 = 27 \times 10 = 270'$. ♂ $9 \times 10 = 90'$. ☿ $12 \times 10 = 120'$. ♃ $6 \times 10 = 60'$. ♀ $12 \times 10 = 120'$.
Ebongtrighono   rondr   arko   rosh   ark
♄ $12 \times 10 = 120'$. 10.
arka   doshahotah :
☾ etc.
Tchondradînangkromadetamodhyobikhyepoliptikah.

Le Soleil ayant pris la forme d'un homme, dit à Moyo :
« Dans le principe la science astronomique était parfaite
sous tous les rapports, et en chaque *yog* elle a été révélée
à des Moharshys (de grands contemplatifs, de grands saints).
Ses lois sont immuables, quoique les mouvements des corps
célestes varient. Le temps est un élément évidemment fini
(*bhoutanamontokriṭkaloh*). Cet être métaphysique et limité
se manifeste par une succession d'instants (*mourto*), et ces
instants forment une respiration (*praño*). »

1. Dans six respirations est un vinaḍi, et dans soixante vinaḍis est
    un naḍi. Telle est l'ancienne doctrine (*shmrita*).
* Soixante naḍis font une hêmérynyctée (*ahôrattro*) sidérale.
2. Trente de ces hêmérynyctées font un mois sidéral (*nokhyottro*). Le
    mois solaire (*shavono*) est marqué par autant de jours du soleil,
* Le mois lunaire (*tithi*) par autant de jours de la lune; et le mois
    zodiacal (*shöoura*) est limité par l'entrée du soleil dans chaque
    signe (*shongkranti*).

Commentaire. — Les mois de cette dernière espèce ont
été remplacés par les noms des douze signes des Grecs. (Monou, chap. I, v. 5, 6, 7, 8, 64, 65, 66.)

3. Douze de ces derniers mois font une année, et cette année est une
    révolution des Dieux.

Cette révolution zodiacale fait un jour et une nuit au nord et au
  sud de la terre.

Comm. — Monou, v. 67.

4. Six soixantaines de ces révolutions forment une année des Dieux.

Comm. — Six fois soixante jours divins font 360 jours
divins, qui sont 360 années des hommes; et tout ce temps,
d'après le système de Moyo, est appelé une année divine.

Douze mille de ces années divines forment les quatre âges (*yougo*)
  complets.

Comm. — Ces 12,000 années divines valent 4,320,000
années des hommes. (Monou, v. 69, 70, 71.)

5. En écrivant ensemble *deux*, *trois*, *Océan* et le reste, on a la grande
  révolution du soleil.

Comm. — Moyo paraît là composer sa chronologie pour
avoir le nombre 4,320,000, qui est en effet la grande révolution du soleil dans la table des mouvements des corps
célestes, qui sera donnée plus tard.

L'aurore et le crépuscule des quatre fameux âges sont compris
  dans ce même nombre.

6. Dans chacun des quatre âges la justice est sur un pied différent.

Comm. — Monou, v. 81, 82, 83, 84, 85, 86, 87, 88,
89, 90, 91, 92, 93, 94, 95, 96, 97, 98, 99 et 100.

Chaque âge est la dixième partie du grand *yougo* multipliée par 4,
  par 3, par 2 et par 1 successivement.

Comm. — Le grand *yougo* égale 4,320,000 années humaines; la dixième partie de ce nombre vaut 432,000. Si
l'on multiplie 432,000

> Par 4, on a 1,728,000 = Krito, le 4ᵉ âge;
> Par 3, on a 1,296,000 = Treta, le 3ᵉ âge;
> Par 2, on a   864,000 = Doapor, le 2ᵉ âge;
> Par 1, on a   432,000 = Koli, le 1ᵉʳ âge.

7. En divisant tour à tour les quatre âges par six, on a leurs *crépuscules* respectifs.

Comment. — $\frac{1728000}{6} =$ 288,000, *crépuscule* du Krito ;
$\frac{1296000}{6} =$ 216,000, *crépuscule* du Dọapor ; $\frac{864000}{6} =$ 144,000,
crépuscule du Treta ; $\frac{432000}{6} =$ 72,000, *crépuscule* du Koli. (Monou, v. 69, 70.)

' Le grand Yougo, multiplié par septante et un, donne un *monọntoro*.

Comm. — $4.320,000 \times 71 = 306.720,000$, un *monọntoro*. (Monou, 79.)

8. Mais l'âge Krito doit lui être ajouté comme crépuscule (*shọndhi*) :
c'est alors qu'a lieu le déluge universel.

Comm. — Moyo dit que la régénération de l'homme
s'opère après une grande inondation ou un déluge universel, tous les 308,448,000 ans. Monou (v. 61, 63) mentionne bien la régénération de l'homme par un chef de
révolution nouvelle, par un Monou ; mais il ne dit point
comment les êtres vivants ont été détruits avant le règne
du nouveau Monou. Le mot *monọntoro* signifie *période de
l'homme, renouvellement de l'espèce humaine*. D'après Moyo,
Monou et plusieurs auteurs indiens, le genre humain actuel
descend d'un seul homme qui apparut après un déluge universel ou une destruction générale. Ce chef, ou nouveau
père du genre humain, est le septième chef des sept différentes périodes de l'homme depuis la dernière création. Je
ne sais si l'on doit reconnaître, dans cette croyance générale
et ancienne des Indiens, une allusion aux sept premiers jours
du monde, qui sont les périodes de la création ; mais on ne
peut s'empêcher d'y voir bien constatée la tradition du déluge mosaïque et du renouvellement de l'espèce humaine
par Noé. Le *Mohabharot* dit que le Monou de notre période

vivait pendant la période précédente; qu'il fut sauvé dans le déluge universel qui détruisit tous les hommes de son temps; que ce fut au moyen d'un fort navire, qu'il avait construit lui-même par l'ordre de la Divinité, qu'il sauva avec lui sept *rishis* ou sages, et des grains de toutes sortes qu'il avait placés à son bord ; qu'il débarqua sur le sommet de l'Himaloyo où son vaisseau s'était arrêté. Mais le *Moha bharot* est postérieur au Christianisme.

L'âge Krito $= 1.728,000$: ainsi

$$306,720,000 + 1,728,000 = 308,448,000.$$

Quatorze Monontoros et un crépuscule font le *kolpo*.

Comm. $308,448,000 \times 14 + 1,728,000$
$$= 4,320,000,000 , \text{ le Kolpo.}$$

9. Il y a quinze crépuscules dans le Kolpo, en y comprenant le crépuscule qui le précède.

Comm. — Dans $4,320,000,000$ il y a en effet quatorze crépuscules de Monontoros, et le crépuscule du Kolpo, qui font quinze crépuscules.

C'est après mille *yougos* (ou le Kolpo) qu'une destruction générale de tous les éléments de la création a lieu.

Comm. — Le mot *bhoutoh* signifie tout ce qui est créé, tous les éléments. Cette destruction est suivie d'une nouvelle création générale des éléments. (Monou. v. 72, 73, 74, 75, 78.)

10. Un Kolpo est un jour de Brammo: sa nuit est de même longueur.

Comm. — Ainsi c'est après et avant la nuit, tous les $4,320,000,000$, que Brammo détruit tout et recrée tout. Monou dit que Brammo fait cela *comme en se jouant* (v. 74, 80). « Krîrhonnivoïtotkourouteporomeshtipounnobhgamodi. » Il semble qu'il connaissait le *ludens in orbe terrarum* de la

Bible pour s'exprimer ainsi. Dans les versets 10, 32 et 33 on voit encore, mais travesti, le sens des versets 2, 26, 27 du chap. 1, et 23 du chap. 11 de la Genèse. L'hémérynyctée de Brammo vaut 8,640,000,000 années.

' Et sa vie est de cent ans, composés d'hémérynyctées semblables.

Comm. — Monou dit aussi, v. 72 et 73, que la durée de l'existence de Brammo est de cent années composées des mêmes hémérynyctées. $100 \times 8,640,000,000 \times 360 = 311,040,000,000,000$ années.

Brammo n'est donc pas immortel. Ce n'est pas le seul dieu dont le nombre des années d'existence soit déterminé. On fait, dans les almanachs du Bengale, des calculs du même genre au sujet non-seulement de la durée des diverses sectes ou religions, du nombre d'années qui reste à Vishnou, à Djogonnath, à Shiva et à d'autres petits dieux qui vieillissent ; de plus, on prédit combien de temps le Gange ou tel autre fleuve doit couler avant d'être à sec ; combien il doit tomber de gouttes d'eau sur la terre dans un an ; combien il y aura de grains de riz, de feuilles d'indigo, de mangues, d'œufs de tortue, de naissances, de morts, de gens d'esprit et de fous dans l'année qui commence. Ainsi Matthieu Laënsberg est de beaucoup surpassé par les astrologues indiens.

Il n'y a qu'un Dieu qui a toujours existé et qui existera toujours, c'est l'auteur de tout ce qui existe. Monou l'appelle *Ens à se*, Shoyombhoû, l'Être suprême, Poromatma[1],

____

[1] On prononce *attüan* le mot *atma* ; c'est une anomalie due à l'union de *m* avec *t* ou *d* dans certains cas : de même on prononce *Bramma*, et non *Brama* ou *Brâma*, le mot *Brahma* (ब्राह्मा). Jadis l'*h* avait le son du χ grec, et l'on lisait Βραχμα, Βραχμανες

Mohatma. C'est cet esprit suprême qui a produit l'eau et l'œuf d'où sont sortis Brommo, les éléments, les esprits et tout ce qui a été créé ensuite (v. 6, 8, 9).

Le mot *Atma*, qui a été lu par Champollion sur les obélisques de Rome, et qui désigne la Divinité, d'après sa traduction éditée par le savant Père Ungarelli, veut dire en sanscrit *la nature, l'âme du monde, le soleil, le moi;* il n'indique vraiment la Divinité qu'avec les épithètes *porom* et *moho*. Du reste, tous ces noms de la Divinité, Shoyombhoû, Poromatma, Mohatma, Poromeshor, ont été profanés, et s'appliquent à Brommo, à Vishñou et à Shiva. Il y a un fait bien extraordinaire au sujet du vrai Dieu chez les Indiens actuels, c'est qu'on ne le prie point; c'est qu'il n'a ni culte, ni temple, ni autels, ni même un nom. L'idolâtrie et le panthéisme védique ont étouffé les grandes idées de l'Être nécessaire, de l'Être des êtres, que Monou n'a peut-être pas lui-même comprises.

11. Déjà la moitié est passée; le premier Kolpo du reste court maintenant.

Сомм. — Monou, v. 80, dit seulement que le nombre des Monontoros, des destructions et des créations nouvelles est innombrable. Moyo expose cette doctrine avec plus de précision. D'après ses données on sait combien il y a eu jusqu'ici de déluges universels, de Monontoros, de destructions générales et de nouvelles créations. En effet, la moitié de la vie de Brommo étant passée, il y a eu autant de destructions et de créations nouvelles jusqu'à ce jour, que l'on compte de jours et de nuits dans la moitié de cette vie; mais comme les déluges qui précèdent les renouvellements de l'espèce humaine, des animaux et des plantes de la terre, arrivent quatorze fois chaque jour et quatorze fois chaque nuit de Brommo, ou vingt-huit fois chaque hémérynyctée de ce Dieu-Nature, on peut les calculer assez facilement. La moitié de la vie écoulée de Brommo est de 155,520,000,000,000 années. En divisant ce nombre par 4,320,000,000 années, qui valent un jour ou une nuit, on a 36,000 destructions et 36,000 créations nouvelles, et par suite 504,000 déluges universels et 504,000 renouvellements de tout ce qui végète sur la terre jusqu'au commencement du premier jour ou Kolpo de la seconde moitié de la vie de Brommo, dans laquelle nous nous trouvons.

On compte dans ce Kolpo six Monontoros avec leurs crépuscules respectifs.

COMM. — La trente-six mille et unième création a eu lieu au commencement du Kolpo; six déluges universels et six Monontoros se sont opérés jusqu'au septième déluge qui a précédé le septième Monontoro, qui est le nôtre.

12. Vingt-sept (le cube de 3) Yougs du Monontoro de Voïvoshyo se sont écoulés.

COMM. — $27 \times 4,320,000 = 116,640,000$.

Le vingt-huitième Young est commencé jusqu'à l'âge Krito inclusivement.

COMM. — Cet âge Krito est le crépuscule du septième Monontoro; on le compte d'avance, ainsi que le crépuscule du commencement du Kolpo. Alors on a le crépuscule du

Kolpo. . . . . =   1,728,000
Six Monontoros avec leurs crépuscules. = 1,850,688,000
Le crépuscule du septième Monontoro. =   1,728,000
Vingt-sept Yogs du septième Monontoro. = 116,640,000

TOTAL . . . . . . = 1,970,784,000

Moyo écrivait 1,970,784,000 années après la dernière

destruction du monde; 118.368.000 ans à partir du dernier déluge universel.

13. Maintenant vient le *Koli*, et avec lui la somme des années écoulées

Comm. — Le mot *koli* se trouve dans tous les manuscrits du *Shoûrdjyo Shiddhanto*, que j'ai recueillis dans l'Inde; je n'en ai pas vu un qui ait *kal* à la place. Les commentateurs qui ont traduit ce mot par *temps*, qui est le sens du mot *kal*, l'ont fait, les uns par système, les autres par ignorance. Ceux qui l'ont fait par système voulaient que l'on crût Moyo bien antérieur à l'âge Koli dans lequel nous nous trouvons; ils placent entre lui et le Koli les troisième et deuxième âges, qui valent 2,160,000 années. Ceux qui l'ont fait par ignorance ont cru que l'on devait compter les âges en *rétrogradant*, en allant du quatrième au premier; voyant que Moyo avait vécu *à la fin* du quatrième âge et que nous étions dans le premier, ils ont supposé entre lui et nous le troisième et le quatrième; ils ne faisaient pas attention que cet âge Krito, à la fin duquel Moyo écrivait, était le *Shoudhi* de son Monontoro, et qu'enfin Moyo faisait partir ses tables astronomiques du Koli.

Y compris les années divines employées à la création du soleil et de tous les astres mobiles et immobiles :

14. Lesquelles sont : « *âge, montagne, Véda* » multipliées par *cent*.

Comm. —474×100=47,400 qui×360 = 17,064,000. C'est après ce nombre d'années que tous les astres ont été créés, depuis le commencement du Kolpo actuel. Il paraît que Brommo prend son temps quand il s'agit des astres ; mais on ne sait s'expliquer d'après quelle convenance de système il lui faut tout ce temps. Dans un vers suivant on verra que l'on doit déduire ce grand nombre d'années écou lées du Kolpo, pour avoir l'âge des astres définitivement créés et mis dans un état de mobilité ou d'immobilité.

ˮ C'est depuis ce temps que les planètes marchent avec rapidité et d'une manière continue dans les Nokhyottros.

Сомм. — On ne voit nulle part qu'elles soient parties du même point du zodiaque, qu'il y ait eu une conjonction générale. Il est probable seulement que Moyo trouvait, de son temps, que le soleil et la lune avaient été en conjonction 17,064,000 années après le commencement du Kolpo, et que c'est cela tout simplement qui l'a porté à introduire ce nombre empirique; *à moins qu'il ne vienne des* Chaldéens.

15. Et que des *êtres animés* parcourent la voie qui passe par la Balance et le Bélier.

Сомм. — Ces êtres animés sont les douze signes ou idoles qui oscillent avec l'équinoxe du printemps et avec l'équinoxe d'automne, en parcourant 27 degrés à droite et 27 degrés à gauche du commencement d'Aṣhîn, à raison de 54ʺ par an. S'il faut en croire Moyo, il y a bien longtemps que la précession des équinoxes est connue, et que les 12 signes du zodiaque existent chez les Indiens. Mais l'on sait à quoi s'en tenir sur cette chronologie et le reste.

ˮ Le mouvement quotidien des étoiles du zodiaque se fait de l'est à l'ouest.

16. On voit le soleil faire sa révolution annuelle dans l'écliptique sans jamais s'en écarter;

ˮ Il avance lentement quand les nuits sont courtes, et vite quand elles sont longues.

17. C'est de la fin de Pŏoush que part le zodiaque; c'est aussi à la fin du même mois qu'il se termine, suivant la tradition (*Shmritah*).

Сомм. — Le mois de Pŏoush, le plus reculé du centre de la précession oscillatoire, finit au commencement du quatrième signe, vers θ de l'Hydre qui fut autrefois au point culminant du solstice d'été, sous la gueule et les pieds du Lion. D'après la tradition indienne, le zodiaque, représenté par un serpent qui mord sa queue, ou par toute autre figure, doit commencer et finir entre les Jumeaux et le Cancer [1], à l'époque de la formation des mois. Ce point du zodiaque est fixe, quoique les signes et les mois ne le soient pas, à cause de la précession des équinoxes qui les dérange de 54″ par an, depuis l'an 1571 avant l'ère chrétienne.

· Soixante *vikolas* font un *kola*; soixante *kolas*, un *bhago*;
18. Trente *bhagos*, un *rashi*; et douze *rashis* remplissent le *bhogono*.

Сomm. — Le *bhogono* est la bande zodiacale; les douze *rashis* sont les douze signes; les *bhagos*, *kolas* et *vikolas* sont des degrés, des minutes et des secondes.

· Dans un *yogo* (4,320,000 années solaires) le Soleil, Mercure (*le suivant*) et Vénus font « quatre fois *ciel, dent, Océan* » révolutions moyennes = 4,320,000.

19. Mars, Saturne et Jupiter font, en allant vers l'est du zodiaque, un même nombre de révolutions en sens contraire (*Shîghros*).

Сomm. — Ces révolutions sont dues à la révolution annuelle de la terre autour du soleil; ce ne sont pas, à proprement parler, des révolutions comme les suivantes.

[1] Les astronomes indiens ont attaché dans tous les temps beaucoup d'importance à ce point extrême des colures solsticiaux. Ils le déterminent toujours au moyen d'un cercle idéal; cercle de déclinaison passant jadis au milieu des étoiles α, ϐ, γ, δ de la Grande Ourse, qui sont les Rishis Pouloshtyo, Pouloyo, Krotou et Otri.

L'observation de ce colure passant, postérieurement à cette époque reculée, au milieu d'Oshlesha (à 113° 20′ de longitude), est mentionnée par Mihiro, Gorgo et tous les auteurs postérieurs. Voir *Asiatic Res.* vol. III, p. 391, 393, 397; vol. IX, p. 358, 363. Monou, liv. I, v. 35. Bentley, *Hindu Astronomy*, p. 2, 3.

« Les révolutions de la Lune sont au nombre « de *saveur, feu, trois,*
trois, flèche, sept, montagne, flèche » = 5775336.

COMM. — L'excellent commentaire pratique du *Shoûrdjyo*,
par le savant Bramme Mothouranath, donne le nombre des
révolutions de l'équation anomalistique de la Lune, qui ne se
trouve pas dans les autres manuscrits du *Shoûrdjyo* qui sont
à ma disposition. Je crains bien que le vers qui le renferme
ne soit d'un auteur ancien, mais peut-être en rapport avec
des Grecs de l'école d'Alexandrie. Ce qui fait naître ce
soupçon, c'est le mot *kendro* qui est employé pour signifier
central. Cela ressemble un peu trop au mot κεντρον ou *centrum*
pour n'être pas un emprunt cousu de fil blanc. Au reste,
Moyo a pu emprunter un mot aux Grecs et bien autre chose.
Quoi qu'il en soit, voici le vers et sa traduction :

चन्द्रकेन्द्र हृद्रिरामैकवाणाङ्गाश्विनगेषर ।

Tchondrokendrehodriramoïkobanangashinogueshor.

Les révolutions centrales de la Lune sont au nombre de « *mont,*
Rama, un, flèche, membre, Ashîn, mont, dard » = 5726537.

20   Celles de Mars sont au nombre de « *dent, huit, goût, chiffre,*
œil, œil » = 2296832.

Celles de Mercure, au nombre de « *espace, saison, ciel, mont, trois,*
chiffre, mont, Dieu » = 1793706o.

COMM. — Au lieu de *shounyortou* quelques manuscrits,
peut-être plus exacts, ont deux mots qui valent 6.2 au lieu
de o 6[1]; c'est *ortoudoshra, saison* et *Doshra.*

---

[1] D'autres ont deux mots qui donnent 4.2 au lieu de 6.2 ou o.6; j'ai
adopté la version qui donne 6.2, dans la table générale du chapitre X et dans
le texte en caractères devonagoris. L'orbite de Mercure suppose 6.5

21. Celles de Jupiter, au nombre de « *ciel, Doshra, Ashín, Véda, ton musical, trois* » = 364220.

Celles de Vénus, au nombre de « *six, sept, trois, Yomo, Ashín, ciel, montagne* » = 7022376.

22. Celles de Saturne, au nombre de « *serpent, six, cinq, saveur, Véda, lune* » = 146568.

Celles des apsides de la Lune dans le même Yougo, au nombre de « *feu, ciel, œil, Voshous, serpent, mer* » = 488203.

23. Celles de ses nœuds, au nombre de « *serpent, feu, Yomo, Ashín, flamme, Doshra* » = 232238.

Par la soustraction on obtiendra pour l'Yougo les nombres suivants :

24. Les mois sidéraux de la lune sont la différence des révolutions de la lune et du soleil.

Comm. — Les révol. $\begin{cases} \text{du soleil} = 4,320,000 \\ \text{de la lune} = 57,753,336 \end{cases}$

$$\text{La différence} = 53,433,336 = \text{mois sidér.}$$

Les mois intercalaires de la lune sont la différence de ce reste et des mois solaires.

Comm. — Les mois solaires = 51,840,000
La différ. précéd. = 53,433,336

$$\text{La différence} = 1,593,336 = \text{mois intercal.}$$

25. Les jours intercalaires de la lune sont la différence des jours solaires et des jours lunaires.

Comm. — Les jours solaires = 1,577,917,828
Les jours lunaires = 1,603,000,080

$$\text{La différence} = 25,082,252 = \text{jours int}^{res}.$$

Le jour solaire est limité par deux levers immédiats du soleil au-dessus de l'horizon.

Comm.—Censorin (p. 123 de son ouvrage) attribue cette formation du jour aux Babyloniens : « Babylonii quidem a « solis exortu ad exortum ejusdem astri diem statuerunt. »

26. Dans l'Yougo on en compte « [8.]Voshous, [2.]deux, [8.]huit, [7.]mont, [1.]forme, [9.]chiffre, [7.]sept, [7.]mont, [15.]jour lunaire » = 1577917828.

Les jours sidéraux sont au nombre de « [8.]huit, [2.]œil, [8.]Voshous, [7.]mont, [3.]trois, [2.]deux, [2.]deux, [8.]huit, [5.]flèche, [1.]Dieu » = 1582237828.

27. Les jours de la lune sont au nombre de « [0.]ciel, [8.]huit, [0.]ciel, [0.]ciel, [0.]atmosphère, [0.]ciel, [3.]feu, [0.]ciel, [6.]saison, [1.]lune » = 1603000080.

Les mois supplémentaires de la lune (adhi) sont au nombre de « [6.]six, [3.]trois, [3.]trois, [3.]feu, [9.]chiffre, [15.]jour lunaire » = 1,593,336.

28. Les jours supplémentaires ou intercalaires de la lune (khyoya) sont au nombre de « [2.]Yomo, [5.]arc, [2.]œil, [2.]deux, [8.]huit, [0.]ciel, [5.]flèche, [2.]Ashîn » = 25082252.

Les mois solaires sont au nombre de « [0.]ciel quatre fois, [4.]Océan, [8.]huit, [1.]unité, [5.]cinq » = 51840000.

29. Les mois intercalaires, les jours sidéraux, intercalaires, lunaires et solaires

Doivent être multipliés par mille pour la durée du Kolpo.

Comm.—Le Kolpo étant mille fois plus grand que l'Yougo, les révolutions de l'Yougo doivent évidemment être multipliées par 1000 pour le Kolpo.

30. Le nombre des révolutions directes, de l'ouest à l'est, des apsides (mondoshyo), est pour le soleil, pendant le Kolpo, de « [7.]sept, [8.]huit, [3.]feu » = 387 ;

Pour Mars, de « [4.]Véda, [0.]nuée, [2.]Ashîn » = 204 ; pour Mercure, de « [8.]huit, [6.]saison, [3.]feu » = 368.

31. Pour Jupiter, de « [0.]*ciel*, [0.]*ciel*, [9.]*trou* » $= 900$; pour Vénus, de « [5.]*arc*, [3.]*qualité*, [5.]*dard* » $= 535$.

· Ensuite celui des apsides de Saturne est de « [9.]*vache*, [3.]*feu* » $= 39$. Le nombre des révolutions rétrogrades, de l'est vers l'ouest, des nœuds (*pata*), dans le même temps,

32. Est pour Mars de « [14.]*Monou*, [2.]*Doshra* » $= 214$; pour Mercure, de « [8.]*huit*, [8.]*huit*, [4.]*mer* » $= 488$.

· Pour Jupiter, de « [4.]*âge*, [7.]*mont*, [1.]*lune* » $= 174$; pour Vénus, de « [3.]*trois*, [0.]*ciel*, [9]*chiffre* » $= 903$.

33. Enfin les révolutions rétrogrades des nœuds de Saturne pendant le Kolpo sont au nombre de « [2.]*Yamo*, [6.]*saveur*, [6.]*saison* » $= 662$.

· Les révolutions de l'apogée et du nœud de la lune ont été rapportées ci-dessus.

Comm. — On doit les multiplier par 1000 pour le Kolpo, car elles ont été données seulement pour l'Yougo, qui est mille fois plus petit : on aura ainsi 488203000 et 232238000.

34. On compte autant de Shoṇdhis ou crépuscules majeurs dans la somme des périodes chronologiques que l'on compte de Monoṇtoros.

Comm. — Puisque nous sommes dans le septième Monoṇtoro, depuis la dernière création, on doit compter sept crépuscules majeurs qui égalent chacun l'âge Krito, qui est de 1,728,000 années.

· Le Kolpo doit avoir aussi son crépuscule; de plus, comme nous sommes dans le Monôntoro de Voïvoshyo,

35. Aux vingt-sept (*le cube de trois*) Yougos qui en sont déjà écoulés on doit ajouter l'âge Krito.

Comm. — Cet âge Krito est évidemment le *shoṇdhi* du septième Monoṇtoro, et non l'âge de Moyo, comme l'ont cru plusieurs interprètes ignorants, qui ne comprenaient pas les vers 34 et 35.

* Il faut retrancher ensuite du total le temps précité que Brommo a employé à la création des astres et qui y est compris,

36. Et l'on aura pour l'âge du soleil à la fin du Krito et de toutes les périodes écoulées inclusivement,

* « *Quatre fois ciel, Yomo, mont, feu, dard, Nondo, lune* » = 1953720000.

> Сомм. — Six Monontoros écoulés
> avec leurs six Shondhis = 1,850,688,000
> Le Shondhi du Kolpo com-
> mencé............ = 1,728,000
> Vingt-sept Yougos écoulés du
> septième Monontoro. = 116,640,000
> Le Shondhi du septième Mo-
> nontoro commencé.. = 1,728,000
>
> Total depuis le Kolpo = 1,970,784,000
>
> Temps employé à la création
> des astres (vers 13, 14). = 17,064,000
>
> Age du soleil du temps de
> Moyo........... = 1,953,720,000 années.

Les Indiens font remonter le dernier déluge universel, l'histoire merveilleuse du dernier Monou, sauvé, avec sept autres personnes et des graines de toute espèce, sur un grand vaisseau qui s'arrêta au haut du mont Hymalâya, à l'an 120,531,101 avant J. C., suivant les interprétations généralement admises des Brammes qui ont commenté Moyo, regardé comme infaillible et sacré. Ils comptent

2,160,000 ans de trop, qui sont les âges Treta et Dŏapor.

37. L'inclinaison de l'orbite de la lune au sud et au nord est égale
en *liptas* à « *zodiaque stellaire* » = 27 × 10′ = 270′ = 4° 30′.

 Son nœud est placé au commencement (*shongkranti*) du Sagittaire
(à 240° de longitude).

38. « *Rama fois liptas* » = 30′, multiplié par *deux*, donne l'inclinaison
de Jupiter ; par *trois*, celle de Mars.

Comm. — 30′ × 2 = 1° pour Jupiter. 30′ × 3 = 1° 30′ pour
Mars.

 Celles de Mercure, Vénus et Saturne s'obtiennent en multipliant le
même nombre par *quatre*.

Comm. — 30′ × 4 = 120′ = 2° pour les inclinaisons respectives de Vénus, Mercure et Saturne.

39. Enfin, « *le cube de trois, trou, soleil, saveur, soleil, soleil* » multipliés chacun par *dix*,

 Donnent en minutes les inclinaisons moyennes de la lune et
des autres planètes de la semaine, suivant leur rang.

Comm. — Ces deux vers prouvent en même temps que les
six jours de la semaine étaient présidés successivement par
la Lune, Mars, Mercure, Jupiter, Vénus et Saturne; car
270′ = 4° 30′, 90′ = 1° 30′, 120′ = 2°, 60′ = 1°, 120′ = 2°,
120′ = 2°, sont les inclinaisons de ☾, de ♂, de ☿, de ♃,
de ♀ et de ♄, comme on l'a vu dans les vers précédents.

---

[1] Le mot *lipta* désigne toujours 10′ de degré et vaut 10 *liptikas*.

CHAPITRE XII.

DES CHIFFRES INDIENS ET ARABES, DES DIFFÉRENTES MA-
NIÈRES D'EXPRIMER LES NOMBRES, DE L'ASTROLABE, DE
LA LONGUEUR DU JOUR, TABLES DIURNES D'OUJEÏN, DE LA
MESURE DU TEMPS, DES LONGITUDES ET LATITUDES, DE
LA PÉRIODE DE RAHOU.

Quand on examine attentivement les chiffres népalais, thibétains, dévonagoris et bengalis, on leur trouve des rapports de forme si frappants qu'on est forcé de leur asssigner une origine commune; mais le difficile est de savoir quel est précisément le système primitif de notation numérique d'où ils sont dérivés. Je crois que les chiffres bengalis, qui sont une espèce de chiffres dévonagoris, peuvent s'expliquer facilement par la ligne droite figurant l'unité dans chacun d'eux. Ce mode primitif de chiffres naturels pourrait expliquer toutes les autres formes de chiffres sans beaucoup de difficulté. Ainsi *un* ⟩ viendrait de ❘; *deux* ⟩ viendrait de ⟩; *trois* ⟩ viendrait de ⟩; *quatre* ⟩ viendrait de ⟩; *cinq* ⟩ viendrait de ⟩; *six* ⟩ viendrait de ⟩; *sept* ⟩ viendrait de ⟩ ; *huit* ⟩ viendrait de *sept* renversé et augmenté d'un trait comme suit, ⟩; *neuf* ⟩ viendrait de ⟩. Cette explication m'a été suggérée en partie par l'usage mystérieux des *sarcars* (courtiers) de Calcutta et de toutes les villes commerçantes de l'Inde, où les négociants emploient ces agents indiens, persans ou arabes, de temps immémorial, pour vendre et acheter. Si un sar-

car veut vendre mille *mands* (poids) d'indigo, par exemple,
à un autre sarcar, il lui saisit la main droite, et la cache avec
la sienne sous le bout supérieur de son *capor* (vêtement qui
couvre les épaules en forme d'écharpe); pour lui demander
453 roupies par mand, il lui prend quatre doigts qu'il plie
deux fois sur eux-mêmes, puis les cinq doigts qu'il plie une
fois, et enfin trois doigts qu'il ne plie point.

Pour indiquer le nombre 9,876,210, il prend les cinq
doigts qu'il abandonne sans les plier, puis quatre doigts qu'il
plie six fois sur eux-mêmes, ou plutôt qu'il serre six fois
de suite; les cinq doigts qu'il abandonne sans les plier, puis
trois doigts qu'il plie cinq fois sur eux-mêmes; les cinq doigts,
puis deux doigts qu'il plie et serre quatre fois de suite; les
cinq doigts, puis un doigt qu'il plie et serre trois fois; deux
doigts qu'il plie et serre deux fois, et enfin un doigt qu'il
plie et serre une fois.

Cette opération se fait silencieusement et avec la plus
grande rapidité. Le sarcar qui achète fait connaître de la
même manière les prix qu'il offre. On n'entend pas le
moindre bruit dans le moment de ces transactions, où il
s'agit quelquefois de millions; le sarcar vendeur connaît
les offres de tous les sarcars acheteurs qui l'environnent, sans
que ces derniers sachent leurs offres respectives.

Le Babou Dhorkinath-Tagôre, connu à Paris sous le titre
de Prince indien, m'a dit que le système conventionnel précité a varié et varie suivant les sarcars. Je le crois bien; les
Indiens ont une répugnance trop connue à se servir de la
main gauche, qui est néfaste; mais les sarcars arabes ou
persans, qui sont Musulmans ou de la religion de Zoroastre,
se servent des deux mains; de sorte que les chiffres arabes,
d'où viennent les nôtres immédiatement, pourraient s'ex-

pliquer ainsi : ı serait un doigt; ٢, deux doigts; ٣, trois doigts; ٤, quatre doigts; ٥, cinq doigts ou la main droite fermée; ٦, (6), la seconde main ou la main gauche; ٧, (7), deux doigts ouverts et élevés; ٨, (8), deux doigts ouverts et abaissés; ٩, (9), la main fermée moins un doigt abaissé; ٠, la main gauche tout à fait fermée.

$$
\begin{array}{ccc}
\text{ı} & = \text{१} & = 1 \\
\text{٢} & = \text{२} & = 2 \\
\text{٣} & = \text{३} & = 3 \\
\text{٤} & = \text{४} & = 4 \\
\text{٥} & = \text{५} & = 5 \\
\text{٦} & = \text{६} & = 6 \\
\text{٧} & = \text{७} & = 7 \\
\text{٨} & = \text{८} & = 8 \\
\text{٩} & = \text{९} & = 9 \\
\text{٠} & = \text{०} & = 0 \\
\end{array}
$$

Au reste, il serait intéressant de rassembler toutes les formes qu'ont eues, chez les Européens, les Mores d'Espagne, les Arabes, les Persans et les Indiens, les neuf chiffres depuis leur invention, qui probablement ne remonte pas au delà du v⁰ siècle de notre ère[1]. Je crois même qu'ils ont été inventés par les marchands arabes et indiens, voulant s'entendre par signes figurés plus promptement et plus facilement qu'avec les noms hiéroglyphiques ou les mots alphabétiques que l'on trouve dans les ouvrages sanscrits. Quoi qu'il en soit, l'on ne peut refuser aux Indiens l'honneur de l'invention du *système décimal* que l'on voit suivi dans les chiffres hiéroglyphiques du *Shoûrdjyo Shiddhanto*. Il est malheureux que ces explications linéaires et un peu

---

[1] Cependant le mot *onko* (chiffre), qui vaut 9, semble prouver que les chiffres sont plus anciens que je ne le crois. Je ne sais plus qu'en penser.

hasardées des chiffres indiens et arabes, ne s'appuient, jusqu'à présent, sur aucun témoignage ou fait capable de leur donner quelque autorité.

Il n'en est pas de même au sujet des diverses méthodes employées depuis des siècles pour représenter la valeur des chiffres et toute sorte de quantité numérique; les témoignages abondent.

Parmi les plus simples, on doit mettre en première ligne celle qui consiste à représenter l'unité par un point ou coquillage, et à faire autant de bandes de nombres qu'il y a d'espèces d'unités dans chaque quantité complexe. A Madras, les astronomes calculent promptement les éclipses de lune et de soleil au moyen de petits coquillages qu'on appelle *korhis*, et qui servent de monnaie dans les bazars. Le nombre de 4765 jours 7 heures 27 minutes 33 secondes 14 tierces s'exprime ainsi :

```
o o   o o o o   o o o   o o o          o o o o
o o   o o o     o o o   o o            o o o
                        o o   o o o o
                              o o o
                        o o o   o o
                                 o
                        o   o o
                            o o
```

Les Chinois ne se servent pas de korhis, mais de grains enfilés dans les cordons d'un abaque (*bàn-toàn*); cela revient au même. Les astronomes bengalis font leurs calculs sans tout cela. Assis sur des nattes de jong ou d'écorces d'arbre, les jambes croisées comme nos tailleurs, ils tracent leurs figures et écrivent leurs chiffres dans une espèce de poussière rouge (*houli*) qu'ils étendent sur une petite table placée devant eux, qui a quatre à cinq pouces d'élévation. Le style dont ils se servent est pointu d'un bout et aplati de l'autre; il ressemble à celui avec lequel on écrit sur les feuilles de palmier à éventail et sur des capsules de bambou; il coupe d'un côté, et il perce de l'autre.

Les lettres de l'alphabet servaient de chiffres chez les Grecs et les Romains; elles servent aussi de chiffres chez les Indiens, mais avec des modifications qui en rendent l'emploi plus commode dans la composition et moins monotone. Tout l'alphabet est divisé en dix séries, qui renferment plus ou moins de lettres simples ou conjointes pour chacun des dix chiffres suivants :

1 = ko, to, po, yo, kyo, vyo, no.
2 = kho, tho, fo, fro, kro, ro, ri.
3 = go, do, bo, lo, klo.
4 = gho, dho, bho, vo, ve, kço.
5 = no, ño, mo, no, sho.
6 = tcho, to, tou, sho, outsho, ksho, reksho.
7 = tcho, tho, sho, zo.
8 = djo, do, ho, hi, dç.
9 = djo, dho, dhç.
0 = gno, nç, ni, rno.

4765 jours 7 heures 27 minutes 33 secondes 14 tierces

4.1.   3.3.   7.2.   7.   5. 6. 7. 4.

s'expriment ainsi : *vokoh, boloh, zorih, zoh, notozoghoh ;* mais les chiffres doivent être rapportés en sens contraire, pour donner 4765, 7, 27, 33, 14.

Ce système de mots ressemble bien, pour la forme, au système de choses qui est usité dans tous les traités astrologiques et astronomiques depuis plusieurs siècles. Je ne sais lequel des deux est le plus ancien; le système de choses est plus étendu et plus commode dans la pratique pour éviter les équivoques. J'ai un manuscrit qui renferme par ordre les noms de toutes les choses qui expriment chaque nombre depuis 1 jusqu'à 32, avec plusieurs synonymes de chaque nom. Ce manuscrit est accompagné de figures qui représentent les choses elles-mêmes tant bien que mal. Je ne crois pas que ces peintures numériques soient anciennes, du moins je n'en ai aucune preuve; mais ces deux manuscrits me sont très-utiles pour déchiffrer les livres d'astronomie et d'astrologie. Le lecteur qui a examiné et comparé, dans les chapitres II et XI qui précèdent, le texte du *Shoûrdjyo* et la traduction littérale que j'en donne, peut se faire une idée de ce système de chiffres conventionnels. Dans le manuscrit de peintures, o = *kho*, ciel; 1 = *tchondro*, lune; 2 = *netro*, œil; 3 = *ogni*, feu; 4 = *vedo*, Védas; 5 = *bano*, flèche; 6 = *ritou*, saison; 7 = *porbotto*, montagne; 8 = *nago*, serpent, et *godjo*, éléphant; 9 = *gô*, vache; 10 = *dik*, les dix côtés du monde y compris le nadir et le zénith; 32 = *donto*, dents. Le nombre 3,278,604,158 se peindrait comme au n° 60; au lieu de figurer 32 comme au n° 61, on peut le représenter comme au n° 62.

Zéro est représenté par le cercle qui environne les corps de tout l'univers; ce cercle, d'après les Brammes, est le néant.

Un est figuré par le disque de la lune, qui est le seul astre qui change de forme (pour ceux qui n'ont pas de lunettes); *deux*, par l'œil qui a naturellement un compagnon; *trois*, par le feu qui brûle dans la lampe à trois becs en l'honneur de la divinité qui est *triple* en nature, d'après le système ancien d'opposition du bien et du mal, de la création et de la destruction, du froid et du chaud, de la lune et du soleil, de la lumière et des ténèbres, du passé et de l'avenir, qui ont entre eux un moyen terme métaphy sique de conservation, Vishnou ou Mithra ; *quatre*, par les quatre Védas ou livres sacrés; *cinq*, par la flèche à cinq dards qui pénètre l'homme par les cinq sens; *six*, par les six saisons qui règnent tour à tour sur la terre; *sept*, par les sept montagnes du globe; *huit*, par les huit vigilants serpents *capelles* et par les huit forts éléphants qui sont chargés de garder et de porter le monde; *neuf*, par les neuf vaches du berger Nondo; *dix*, par les huit côtés du monde, le nadir et le zénith; *trente-deux*, par les trente-deux dents que les médecins comptent ordinairement dans l'homme; et ainsi du reste.

Toutes les fois qu'un nombre composé de deux chiffres est représenté par une seule figure ou un seul mot, les deux chiffres doivent être lus en sens contraire, en allant de gauche à droite; *dontotchondro* $= 132$; *nettrognitchondro* $= 132$; *donto* $= 32$; *nettrogni* $= 32$.

L'astrolabe de Moyo est assez bien décrit dans le treizième chapitre de son poëme. Voici ce qu'il dit, d'après le texte et la traduction abrégée qu'en a donnée Colebrooke[1] : « Qu'on fasse un globe en bois pour représenter le ciel; qu'on le perce par deux points opposés, qui seront le pôle nord et le pôle sud; qu'on le fixe sur un axe passant par ces points; qu'on attache à cet axe deux grands cercles fixés à 90 degrés l'un de l'autre; qu'on fasse passer par le milieu de ces deux cercles un autre cercle équatorial; ensuite, qu'on attache aux deux grands cercles fixes des cercles parallèles à l'équateur, de sorte que trois, vers le nord, marquent la route du Bélier, du Taureau et des Gémeaux, et que trois,

____

[1] *Asiatic Res.*, vol. IX, p. 323.

vers le sud, marquent celle de la Balance, du Scorpion et du Sagittaire ; ces cercles marqueront en même temps la route du Cancer, du Capricorne et des autres signes qui les suivent respectivement au nord et au sud. Ensuite on doit tracer sur le globe des cercles qui partent des pôles et qui marquent les 28 Nokhyottros, en y comprenant Abhidjit, et d'autres cercles, parallèles à l'équateur, qui passent par les sept étoiles de la Grande Ourse (les sept *Rishis*), Canopus (*Ogosthyo*), Capella (*Brommo*), et les autres principales étoiles de la sphère.

« Enfin on aura au centre le cercle équinoxial, sur lequel on déterminera les points des équinoxes par le moyen des deux grands cercles fixés à l'axe et éloignés l'un de l'autre de 90°, les deux solstices, suivant l'obliquité, ainsi que les points du Bélier et des autres signes successivement au moyen d'un cercle de déclinaison passant sur un autre cercle tracé par les points solsticiaux et équinoxiaux qui s'appelle écliptique. C'est sur l'écliptique que marche le Soleil en éclairant l'univers dans toutes ses parties. La Lune et les autres planètes s'en écartent plus ou moins, suivant qu'elles sont dans leur plus ou moins grande latitude à l'égard de leurs nœuds avec lui. »

Les 28 Nokhyottros, ou plutôt les 27, parce qu'Abhidjit n'a ni cercle ni mansion, ne sont point égaux en grandeur sur le cercle équatorial, pas plus que les douze signes. En effet, les divisions lunaires et solaires étant faites égales sur l'écliptique, sont rapportées sans correction à l'équateur ; et il arrive nécessairement que des étoiles éloignées de l'écliptique passent d'une mansion dans une autre, par le déplacement des pôles et des cercles qui partagent la sphère en 27 fuseaux à partir de ces pôles. Les étoiles seules qui sont sur l'écliptique, ou très-près de cette ligne, seront perpétuellement dans leurs mansions primitives.

Moyo dit que l'on doit tourner ce globe armillaire suivant le temps marqué par une clepsydre; qu'il doit être bien fixé dans la direction du pôle nord, et mis en mouvement ou arrêté avec la plus grande précision par un mécanisme spécial; que le mercure doit être employé au lieu d'eau dans la clepsydre. Alors la clepsydre ne pourra-t-elle pas être le moteur immédiat de la sphère?

Le moyen de se servir de cette sphère armillaire est décrit par les commentateurs du *Shoûrdjyo* et plusieurs astronomes indiens. Il paraît que les étoiles étaient observées à leur passage au méridien, à travers deux pinnules mobiles sur le cercle de déclinaison qui était arrêté dans le méridien du lieu. La sphère tournait dans ce cercle de 100″ en 100″ correspondant à dix minutes de degrés qui étaient marqués sur l'écliptique; de sorte que la longitude d'un astre était désignée en *liptas* par le nombre des mouvements que la sphère avait faits depuis le passage du premier point du Bélier au méridien, jusqu'au passage de cet astre au même méridien; la latitude était donnée par le point tangentiel de l'alidade mobile qui portait les deux pinnules sur le cercle précité de déclinaison.

J'ai tracé, dans la figure n° 63, le plan de la sphère de Moyo, moins les cercles des étoiles, pour éviter la confusion. Tout, dans cette sphère chargée de cercles, est mobile et tourne simultanément à l'intérieur ou sous le cercle mural de déclinaison, qui seul est immobile et fixé à demeure sur une tour, dans la direction de la méridienne du lieu et des pôles du monde à Lanka : j'y ai ajouté le dessin de la clepsydre de Moyo.

Avant d'avoir, pour un lieu quelconque, la table perpétuelle de la longueur moyenne du jour pendant l'année, il y a des calculs à faire qui demandent certaines connaissances de trigonométrie que suppose l'auteur du *Shoûrdjyo Shiddhanto*.

Le Gentil rapporte une de ces tables dans son Astronomie des Brammes, page 253, et dit : « Je n'ai pu savoir sur quels principes cette table est fondée. Les Brammes la tiennent sans doute de la même source d'où ils ont tiré leurs autres éléments ; nécessairement elle suppose l'obliquité de l'écliptique. »

Le Gentil est un de ceux qui ont le mieux connu l'astronomie moderne et pratique des Brammes de la côte de Coromandel, qui suivent l'astronomie théorique de Shoûrdjyo, avec quelques modifications ; il a seulement une trop grande opinion de la capacité des Brammes et de la profondeur de leur science ; mais il n'est pas à comparer au célèbre Bailly, qui a fait plutôt des dissertations sur l'astronomie indienne qu'un traité de cette astronomie. Bailly ne pouvait pas assez bien la connaître, d'après quelques tables modernes plus ou moins bonnes, basées sur le *Shoûrdjyo Shiddhanto*. Ce que j'admire dans le Gentil, qui était un vrai savant, c'est la franchise avec laquelle il change de sentiment au sujet de certaine opinion qu'il a soutenue, parce qu'il croit qu'il a trouvé la preuve du contraire dans l'usage des Brammes[1]. Dans Bentley on a l'opposé de Bailly : celui-ci trouve tout marqué au coin de l'antiquité la plus reculée ; l'autre affirme que tout est d'hier. Aussi les préjugés de Bailly et de Bentley, leurs idées systématiques, les égarent-ils très-souvent ; cela n'empêche pas leurs ouvrages d'être très-bons à consulter.

---

[1] *Voyages aux Indes*, t. I, p. 241.

ASCENSIONS DROITES DU SOLEIL A LANKA DANS CHAQUE SIGNE,
EN DONDOS ET MINUTES.

♈	4 d° 38′		♎	4 d° 38′	
♉	4	59	♏	4	59
♊	5	23	♐	5	23
♋	5	23	♑	5	23
♌	4	59	♒	4	59
♍	4	38	♓	4	38

Ces nombres de *dondos* et de minutes, convertis en minutes, donnent les nombres de la table de le Gentil. En effet,

$$4\ dondos\ 38' = 278'$$
$$4\qquad 59' = 299$$
$$5\qquad 23 = 323.$$

Le jour et la nuit sont toujours de 60 *dondos* plus ou moins longs, comme notre jour et notre nuit sont toujours de 24 heures plus ou moins longues, suivant la rapidité de la révolution de la terre sur son axe. Ainsi ces 60 *dondos* répondent aux 360 degrés de l'équateur, à raison de 6 degrés par *dondo;* les degrés et minutes qui correspondent au temps de la table précédente, convertis en minutes, sont l'ascension droite du Soleil à Lanka. En effet :

$$278' = 27°48' = 1668'$$
$$299 = 29\ 54 = 1794$$
$$323 = 32\ 18 = 1938.$$

Les Brammes obtiennent facilement ces trois nombres fondamentaux avec les tables de sinus et de cosinus qui se trouvent dans le deuxième chapitre du *Shoûrdjyo Shid dhanto.* On a à peu près les mêmes quantités par la formule, *Tang. AR vraie = tang. longit. vraie × cosinus de l'obliquité apparente.*

Ainsi avec les données suivantes,

Log. cos. d'une obliquité de 24°. . . . . . . = $\overline{1}$,9607302
Log. tang. de la long. vraie du ⊙ à 30°. = 9,7614394
Idem. à 60°. = 0,2385606,

On a , 1°

$$\overline{1},9607302$$
$$+\ 9,7614394$$
$$=\ 9,7221696\ =\ \text{tang. AR},$$

ou l'arc de 27°48′31″34‴
ou 1668′31″34‴ :

2°
$$\overline{1},9607302$$
$$+\ 0,2385606$$
$$=\ 0,1992908\ =\ \text{tang. AR},$$

ou l'arc de 57°42′27″17‴,
et en ôtant 27°48′31″34‴

on a   29°53′55″43‴
ou 1793′55″43‴ :

3°
$$90°\ 0′\ 0″\ 0‴$$
$$-\ 57°42′27″17‴$$
$$=\ 32°17′32″43‴$$

ou 1937′32″43‴.

TABLE DIURNE D'OUJEIN,

OU VALEUR DES DOUZE SIGNES POUR UNE LATITUDE DE $23°13'40''$

	a.	b.	c.	d.	e.
♈	4 d 38′	— 0 d 51′40″ 0‴	3 d 46′20″ 0‴	+ 1′ 2″40‴ 0⁗	3 d 47′22″40‴ 0⁗
♉	4 59	— 0 41 20	4 17 40	+ 1 36 13 20	4 19 16 13 20
♊	5 23	— 0 17 13 20	5 5 46 40	+ 1 8 53 20	5 6 55 33 20
♋	5 23	+ 0 17 13 20	5 40 13 20	+ 13 20	5 40 13 33 20
♌	4 59	+ 0 41 20	5 40 20	— 21 20	5 39 58 40
♍	4 38	+ 0 51 40	5 29 40	— ″	5 29 40
♎	4 38	+ 0 51 40	5 29 40	+ 21 20	5 30 1 20
♏	4 59	+ 0 41 20	5 40 20	— 13 20	5 40 19 46 40
♐	5 23	+ 0 17 13 20	5 40 13 20	— 1 8 53 20	5 39 4 26 40
♑	5 23	— 0 17 13 20	5 5 46 40	— 1 36 13 20	5 4 10 26 40
♒	4 59	— 0 41 20	4 17 40	— 1 2 40	4 16 37 20
♓	4 38	— 0 51 40	3 46 20	+ ″	3 46 20

Cette table diurne est pour une latitude de 5 *dondos*
10 minutes ou une ombre de 310 minutes, le gnomon étant
de 720 minutes, le jour que le Soleil est à l'équinoxe à
Lanka. Comme Oujeïn a une ombre de 5 *dondos* 10 minutes,
le jour de l'équinoxe à Lanka, où l'ombre est zéro, je dis
qu'Oujeïn est à $23°17'40''$ de latitude; car

R : tang. A :: b : a, dans le cas précité, où l'on a

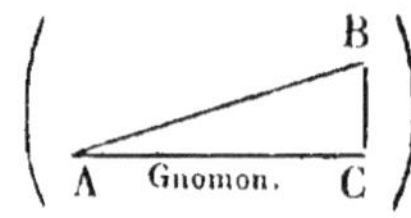

b = le gnomon = 720′ et a = l'ombre = 310′.

En effet :

Le comp. ar. log. de 720 = 7,14266750

Plus le log. de . . . . . 310 = 2,49136169

= 9,63402919 = $23°17'40''$.

qui est la latitude d'Oujeïn.

Les nombres de la bande *b* sont le sixième de 5 *dondos*
10 minutes, les $\frac{4}{5}$ de ce sixième et le $\frac{1}{3}$ de ce même sixième
qu'on retranche des ascensions droites de Lanka portées
dans la bande *a*, ou qu'on y ajoute, comme il est marqué
par les signes — et + .

La latitude de Tirvalour, dans la table de le Gentil, équi-
vaut à 1 44′ ou 2^{d}24′. C'est également le $\frac{1}{6}$ de 1 44′; les $\frac{4}{5}$ et
le $\frac{1}{3}$ de ce sixième qui forment la dernière bande de cette
table. Alors 2 *dondos* 24′ répondent à 14°24′ de latitude,
ce qui est trop fort; mais le Gentil observe très-bien (p. 227)
que les Indiens et les anciens, en général, ne pouvant discerner exactement le terme de l'ombre et de la lumière, pre-
naient les ombres trop grandes, et partant les latitudes.
Les nombres de la bande *c* doivent être encore modifiés
par ceux de la bande *d*, suivant les signes additifs ou sous-
tractifs qui sont dans cette dernière, pour avoir les *dondos*,
minutes, etc. Comme l'on voit, tout cela est de l'astronomie
très-utile aux astrologues qui veulent savoir ce qui appar-
tient précisément dans le jour et la nuit à tel ou tel signe,
afin de bien conditionner les *horoscopes* des nouveau-nés.

En ajoutant le temps des six premiers signes (c) on a 30
dondos; si l'on fait la somme du temps des six signes qui suivent le premier signe, on a 31^{d}43′20″ : la différence de
ces deux sommes donne 1^{d}43′20″, qui divisés par 30 =
3′26″40‴; les quatre cinquièmes de ce dernier nombre et
son tiers sont 2′45″20‴, et 1′8″53‴20⁗. Voilà ce que l'on
appelle les *dinobouktis* dans le premier chapitre du *Shoûrdjyo*. On ajoute ces *dinobouktis* aux sommes de la valeur des
signes, dans la table suivante, pour avoir la longueur du
jour pendant les douze mois de l'année à Oujeïn, comme
on le voit dans la seconde table rapportée ci-dessous.

L'astrologie a partagé ces *dinobouktis* à chaque signe, de sorte que dans la bande *d* de la table précédente, on voit 3′26″40‴ ajoutés ou retranchés ainsi :

$$
\begin{array}{llrrrr}
\text{à} & ♈ & +\ 1' & 2''40''' & 0'''' \\
 & ♉ & +\ 1 & 36 & 13 & 20 \\
 & ♊ & +\ 1 & 8 & 53 & 20 \\
 & ♋ & +\ 0 & 0 & 13 & 20 \\
\text{de} & ♌ & -\ 0 & 21 & 20 & 0 \\
 & ♍ & -\ 0 & 0 & 0 & 0 \\
\hline
\text{Total.......} & & = +\ 3 & 26 & 40 \\
\end{array}
$$

ORIGINE DE LA TABLE DIURNE SUIVANTE.

SIGNES RÉUNIS. — VALEUR DES SIGNES.		DINOBOUKTIS.	DURÉE DU JOUR ET DE LA NUIT POUR CHAQUE MO[IS].		
	dondos.				dondos.
♈ ♉ ♊ ♋ ♌ ♍ = 30	0′ 0″ 0‴	±3′26″40‴00⁗	Jour Boïshak, nuit Kartik	= 30	3′26″40
♉ ♊ ♋ ♌ ♍ ♎ = 30	0 0 0		Nuit *id.* jour *id.*	= 29	56 33 20
♉ ♊ ♋ ♌ ♍ ♎ = 31	43 20 0	±2 45 20	J. Djoishto, n. Ogrohayon	= 31	46 5 20
♏ ♐ ♑ ♒ ♓ ♈ = 28	16 40 0		N. *id.* j. *id.*	= 28	13 54 40
♊ ♋ ♌ ♍ ♎ ♏ = 33	6 0 0	±1 8 53 20	J. Ashar, n. Pooush	= 33	7 8 53
♐ ♑ ♒ ♓ ♈ ♉ = 26	54 0 0		N. *id.* j. *id.*	= 26	52 51 6
♋ ♌ ♍ ♎ ♏ ♐ = 33	40 26 40	∓1 8 53 20	J. Srabon, n. Magh	= 33	39 17 46
♑ ♒ ♓ ♈ ♉ ♊ = 26	19 33 20		N. *id.* j. *id.*	= 26	20 42 13
♌ ♍ ♎ ♏ ♐ ♑ = 33	6 0 0	∓2 45 20	J. Bhadro, n. Falgoun	= 33	3 14 40
♒ ♓ ♈ ♉ ♊ ♋ = 26	54 0 0		N. *id.* j. *id.*	= 26	56 45 20
♍ ♎ ♏ ♐ ♑ ♒ = 31	43 20 0	∓3 26 40	J. Ashin, n. Tchoïtro	= 31	39 53 20
♓ ♈ ♉ ♊ ♋ ♌ = 28	16 40 0		N. *id.* j. *id.*	= 28	20 6 40

TABLE DIURNE ET PERPÉTUELLE

DE LA LONGUEUR DU JOUR ET DE LA NUIT À OUJEIN,
POUR LES 30 DEGRÉS DE CHAQUE MOIS.

	1.ᵉʳ DEGRÉ de chaque mois.	2.ᵉ DEGRÉ de chaque mois.	LES JOURS et les nuits croissent et décroissent de
	dondos.	dondos.	
Jour Boishek, nuit Kartik.	30 3' 26 40'' 00''''	30 6'53''20''00'''	+ 3'26''40''00''''
N. id. j. id.	29 56 33 20 00	29 53 6 40 00	- 3 26 40
J. Djoishto, n. Ogrohayon.	31 46 5 20 00	31 48 50 40 00	+ 2 45 20
N. id. j. id.	28 13 54 40 00	28 11 9 20 00	— 2 45 20
J. Asbor, n. Pooush.	33 7 8 53 20	33 8 17 46 40	+ 1 8 53 20
N. id. j. id.	26 52 51 6 40	26 51 42 13 20	— 1 8 53 20
J. Srabon, n. Magh.	33 39 17 46 40	33 38 8 53 20	- 1 8 53 20
N. id. j. id.	26 20 42 13 20	26 21 51 6 40	+ 1 8 53 20
I. Bhadro, n. Falgoun.	33 3 14 40 00	33 0 59 20 00	— 2 45 20
N. id. j. id.	26 56 45 20 00	26 59 0 40 00	+ 2 45 20
J. Ashin, n. Tchoïtro.	31 39 53 20 00	31 36 26 40 00	— 3 26 40
N. id. j. id.	28 20 6 40 00	28 23 33 20 00	+ 3 26 40

Les Indiens divisent le jour et la nuit en huit parties ;
chacune d'elles s'appelle *pohor*. Le temps que le soleil emploie à s'élever de l'horizon jusqu'au méridien est divisé en
deux ; de même celui que le soleil met à descendre jusqu'à
l'horizon. La nuit est divisée en quatre *pohors* également ;
minuit sépare les deux premiers des deux derniers. Les
gardes de nuit de chaque village poussent un cri sauvage
après les trois premiers *pohors*, afin de rassurer le public
et d'épouvanter les voleurs.

Je ne dis rien de la distinction du temps ; il y a temps
de Bramma, temps des Dieux, temps des Pitris, temps des
Monous, temps des révolutions de Jupiter, temps lunaire,
temps solaire, temps sidéral, temps civil et temps luni-solaire.
Moyo explique clairement par deux *shlôks*, dans le quator-

zième livre de son poëme, quelles sont ces espèces de temps ; Samuel Davis en donne un commentaire et la traduction[1], en expliquant le cycle sexagésimal de Jupiter d'après le *Shoûr-djyo Shiddhanto*.

Le temps est mesuré par les ombres, par l'écoulement des liquides, et par l'élévation des astres au-dessus de l'horizon. Les paysans vous disent, à peu près comme une montre, le *dondo* qu'il est, en examinant la hauteur du soleil ou d'une étoile connue. Les clepsydres sont très-simples ; celle dont on m'a fait la description, et qui sert chez un *mahadjon* (seigneur de village) aux environs de Dacca dans le Bengale, est un vase de cuivre en forme de calotte exactement sphérique, qui a un petit trou au fond. Ce vase est placé sur l'eau contenue dans un autre vase de cuivre ; il est rempli au bout d'un *dondo*, et il plonge ; le petit bruit qu'il fait en frappant le grand vase sur lequel il tombe avertit le sonneur d'heures ou *ghoriyala*, et ce *ghoriyala* donne un coup de maillet sur un large plateau de cuivre suspendu à côté. Telle est l'horloge du village.

Les Brammes trouvent l'heure au moyen de leur ombre, par un double procédé qui me paraît digne d'être exposé complétement. Le P. Petau (liv. VII des Dissert. ch. VII) reprend vertement Saumaise, qui parle de cette même méthode pour expliquer quelques paroles de Praxagoras dans la République des femmes d'Aristophane. Saumaise dit des anciens Grecs : « Corporis quisque sui umbram propriis pe- « dibus metiebatur, et ex ejus mensurâ colligebat, quota diei « pars esset, et quantum sol vel ad meridiem, vel ad occasum « progressus fecisset : quantum a summo mane abesset, vel a « vespera. Post horarum et horologiorum usum repertum.

<hr>

[1] *Asiatic Res.* t. III, p. 209.

« hæc eadem ratio mansit : ex quâ observatum est, quæ diei
« hora, quo mense, quot pedes umbræ jacularentur, ad mo-
« dulum corporis mensurata propriis cujusque pedibus. »

Le P. Petau regardait comme absurde l'idée qu'on puisse
trouver l'heure en mesurant l'ombre avec le pied. Il se
trompait. Saumaise pouvait très-bien faire dire par Praxagoras à sa femme : « Le seul soin que tu auras sera de venir au souper, bien parfumée, quand l'ombre de l'horloge
sera de dix pieds, » puisque cela se dit quelquefois par les
Indiens à leurs femmes. L'horloge est le style d'un cadran
solaire; et dans le cas précité, c'est l'homme qui se tient
droit au soleil et mesure son ombre avec son pied.

Voici les deux procédés exposés dans un ancien manuscrit qui traite des cadrans solaires, du gnomon et des ombres, pour trouver les heures du jour dans un lieu fixe ou en
voyage. Mais ces procédés reviennent au même quand on les
examine de près, car le premier est un abrégé du second.

TABLE POUR LE PREMIER PROCÉDÉ.

♈	♉	♊	♋	♌	♍	♎	♏	♐	♑	♒	♓
93+4	96+5	99+6	96+5	93+4	90+3	87+2	84+1	81+0	84+1	87+2	90+3
Boish.	Djoï.	Ash.	Sra.	Bha.	Ash.	Kar.	Mar.	Poo.	Magh.	Falg.	Tch.

TABLE POUR LE SECOND PROCÉDÉ.

♈	♉	♊	♋	♌	♍	♎	♏	♐	♑	♒	♓
12.	7.6	6.	6.7	12.	18.	24.	30.	36.	30.	24.	18.
2.	1.	0.	1.	2.	3.	4.	5.	6.	5.	4.	3.
Boish.	Dioi.	Ash.	Sra.	Bha.	Ash.	Kar.	Mar.	Poo.	Magh.	Falg.	Tch.

On suppose que la taille et le pied de chacun sont dans
le rapport de 6 à 1. Pour savoir l'heure par mon ombre,

je tourne le dos au soleil, je me tiens droit sur une place
unie, ayant le talon d'un pied au centre de ma position, et
de là j'observe le terme de mon ombre. Je compte ensuite
combien de fois mon pied est compris sur cette ligne
d'ombre, en avançant vers son terme qui est fixé par quelque objet remarquable. Soit AB ma position, Bc la longueur de mon pied, et H le terme de l'ombre.

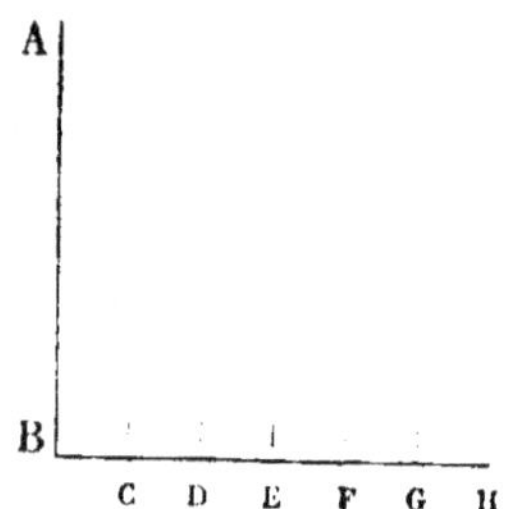

Mon pied sera compris six fois dans mon ombre, et mon
ombre est égale à ma hauteur; mais supposons que mon
ombre contienne treize longueurs de pied au lieu de six,
et que nous sommes au 1er du mois de Falgoun, avant midi;
comment savoir l'heure du jour à l'instant de l'observation?

Premier procédé. On divise 87, qui se trouve dans la
bande de Falgoun, par 13 (longueur de l'ombre), augmenté
de 2, qui se trouve également dans la bande de Falgoun; le
quotient est l'heure; le reste étant multiplié par 60, donne
les minutes, et ainsi de suite.

$$
\begin{array}{c|l}
87 & 15 \\
\hline
12 & 5^{\text{dondos}}\,48' \\
60 & \\
\hline
720 & \\
120 & \\
00 &
\end{array}
$$

est 5 *dondos* 48' dans le cas présent.

Mais si c'est l'après-midi?

Alors il y a un petit calcul à faire; on cherche dans la table perpétuelle quelle est la longueur du jour, le 1er de Falgoun; on trouve, p. e., que c'est 28 *dondos* 30 *pols;* on ôte 5 *dondos* 48 *pols* de ce *dinomano* (heure du jour), et l'on a pour reste 22 *dondos* 42 *pols.* Il est, dans ce cas, 22 *dondos* 42 *pols;* il ne reste plus du jour que 5 *dondos* 48 *pols* à s'écouler :

$$28^{\text{d}}30' = dinomano.$$
$$-\ \ 5\ \ 48 = \text{valeur de l'ombre.}$$
$$\text{Reste}\quad 22\ \ 42 = \text{l'heure de l'après-midi.}$$

Deuxième procédé; mêmes données que ci-dessus. De 200 ôtez 2, reste 198. En Falgoun, on a 4 (2e bande), qu'on multiplie par 6, et l'on a 24; on ôte ces 24 de 198, reste 174. On ôte de l'ombre 13 le nombre 4 de Falgoun, on a 9 pour reste; on ajoute à ce reste le nombre 6, et l'on a 15; on double cette somme, et l'on a 30; on divise le premier nombre 174 par le second 30, et l'on obtient l'heure; on multiplie le reste par 60, et l'on divise pour avoir les minutes, secondes, et ainsi de suite.

$$\left.\begin{array}{l}174 \\ 24 \\ 60\end{array}\right\} \overline{\begin{array}{l} 30 \\ \hline 5^{\text{dondos}}\,48' \end{array}}$$

$$\begin{array}{l} \overline{} \\ 1440 \\ 240 \\ 00 \end{array}$$

L'heure, dans ce cas, est, comme celle obtenue par le premier procédé, 5 *dondos* 48 *pols,* si c'est le matin, et 22 *dondos* 42 *pols,* si c'est le soir.

Les nombres soulignés ne changent jamais dans les calculs de ce genre; ils représentent le gnomon et l'ombre observée dans les moments des solstices et des équinoxes à Oujeïn ou Lanka, en supposant toutefois que le plus long jour est de 33 *dondos*.

Voici l'explication de ces méthodes donnée par les Brammes au moyen de leur géométrie.

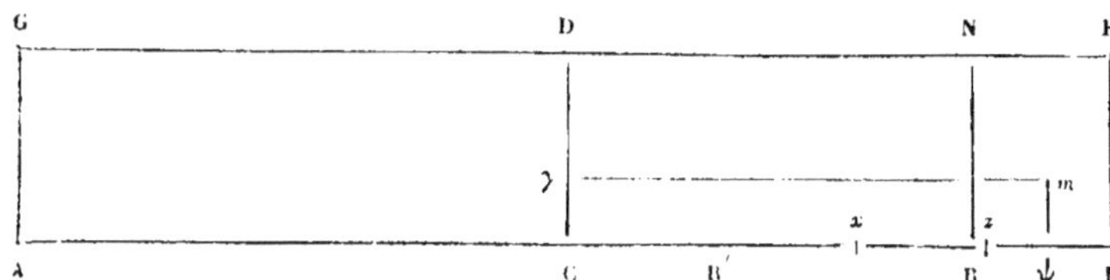

AB $= 33$ en parties de ligne $=$ l'arc diurne.

DC $= 6 =$ le gnomon.

AB $\times$ DC $=$ ABHG $= 198$.

En Falgoun on a CR' d'ombre$= 4 =$ BR. On multiplie BR par BH$=$DC$= 6$, et l'on a RBHN$= 24$; on ôte ces 24 de 198, ou RBHN de ABHG, et il reste 174 ou ARNG.

Maintenant, cela posé pour Falgoun, on observe, au commencement ou dans le courant du même mois, une ombre de 13 pieds égale à Cz; on ôte de cette longueur le nombre $4 = zx$, et il reste $9 = $ Cx. On ajoute à Cx le gnomon $= 6 = x\psi$, et l'on a C$\psi = 15$. On multiplie par 2, et l'on a C$\gamma m\psi = 30$. Enfin, on divise ARNG par C$\gamma m\psi$, et l'on a 5 *dondos* 48′ de jour écoulé, si c'est le matin, ou de jour à écouler, si c'est le soir.

L'ombre observée au gnomon de 24° (de lat.) est celle qui a lieu à la fin du signe marqué dans la bande qui lui correspond; de sorte qu'on s'en sert pendant tout le signe, et que l'on estime la longueur du jour pendant le mois d'après l'ombre de la fin du mois. Il est certain que les ombres

ne croissent pas d'un solstice à l'autre suivant la progres
sion arithmétique de la table, mais peu s'en faut, et l'erreur qui en résulte n'est pas considérable dans la pratique.

Quelques Indiens des grandes villes se servent de montres
anglaises pour connaître les divisions du jour composé à leur
manière; cela ne laisse pas que de les embarrasser, à cause
du calcul qu'ils sont obligés de faire afin de convertir les
heures européennes en *dondos*, et *vice versâ*. Le marchand
qui portera le premier dans l'Indoustan des montres *indiennes* à bon marché, de 20 à 30 francs par exemple, en
vendra des milliers. Ces montres marqueraient 30 heures
au lieu de 12, et sur le grand cadran l'aiguille des minutes parcourrait les 60 divisions ordinaires. Mais pendant
l'heure indienne, s'il était possible de faire marquer l'heure
européenne par une aiguille, dans un petit cadran placé
dans le grand comme sont ceux qui servent aux secondes dans quelques montres, cela conviendrait beaucoup
aux employés de la Compagnie qui sont en rapport avec des
Anglais. Je suis vraiment surpris que l'on n'ait pas encore
pensé en Europe à rendre ce véritable service aux Indiens;
d'autant plus que des marchands d'une certaine nation que
je ne nomme point ont fait des entreprises criminelles chez
ce peuple, pour avoir son argent. Mais les *idoles*, *fabriquées*
par des *profanes* d'Europe, qui se disent *chrétiens*, n'ont
pas été reçues par les *scrupuleux idolâtres* comme on s'y at-
tendait, et c'est ce qui a été la cause du désappointement
de ces vils spéculateurs qui maintenant portent de l'o-
pium aux Chinois; tout le monde sait ces histoires-là. Il
faudrait, au sujet des montres indiennes, que leurs chiffres
fussent en dévonagori ou en bengali; autrement elles ne
pourraient pas servir.

Les latitudes des lieux sont calculées d'après l'ombre observée du gnomon; les longitudes s'obtiennent péniblement par des mesures en *yôdjonos;* mais je ne sais si l'*yôdjono* a jamais eu une longueur bien déterminée. Les astronomes trouvent encore la longitude des lieux au moyen des éclipses dont ils observent le commencement, le milieu et la fin. Oujeïn est le lieu de comparaison; son méridien est le premier méridien.

Le méridien de Lanka passe par Oujeïn, d'après quelques-uns; d'autres le font passer à l'ouest d'Oujeïn, par l'île de Salsette. Du reste Lanka est une île imaginaire que l'on confond avec Ceylan; on la place sous l'équateur. La longitude d'Oujeïn, 75° 51′ à l'est de Greenwich, ne passe pas plus par Ceylan que celle de Salsette, qui est à côté de Bombay; ce qui prouve que Lanka n'est pas Ceylan. Shoûrdjyo dit, dans le chapitre 1ᵉʳ, que le premier méridien qui part de Lanka « passe au milieu du siége des Rakhyoshs (les démons) et du siége des Debtas; qu'il rencontre Rôhîto, Ovonti et Shonnihito. » Lanka est sous l'équateur; c'est une île de convention; son méridien passe par l'île des Rakhyoshs. Voici les paroles de Moyo :

> Rakhyoshaloyodeboïkeshŏouloyòrmodhyoshoûtogah :
> Rôhîtokomovontîtcholothashonnihitongshoroh.

Cette île des Démons est Ceylan, dont le nom vient probablement du mot *shŏoulo* (séjour). On aura, par la suite des temps, confondu Ceylan avec Lanka, et Ovonti avec Oujeïn. Suivant moi, le premier méridien de Moyo, placé à Canouj ou aux environs, comme il le dit, passait réellement par un point de Ceylan, rencontrait Rôhîto, Ovonti et Shonnihito, villes ou pays intermédiaires, et se continuait dans l'Himalaya, le séjour des Dieux.

La période de Rahou sert à calculer approximativement
les éclipses, quand le calendrier est dressé pour la lon
gueur des jours de l'endroit, pour les Nokhyottros, les Yô
gotaras et les Tithis ou jours lunaires. Il serait inutile de
chercher des éclipses là où ne tombe pas quelque subdivi-
sion de cette période; on aurait fait en vain une multitude
de calculs pour trouver la longitude et la latitude du soleil
et de la lune qui ne serviraient à rien. Cette période est de
6794 jours 23 *dondos*. On s'en sert rarement en pratique;
on se sert plutôt des deux périodes de 6797 jours 16 *dondos*
58 *pols*, et de 6796 jours 16 *dondos* 58 *pols;* mais je crois
qu'elles ont toutes quelque chose de commun. La dernière
est pour 17 ans (de 365 jours 15 *dondos* 31 *pols*) et
221 jours 37 *dondos* 41 *pols ;* c'est la plus usitée. Les
Brammes vous disent approximativement, en se servant de
cette période ou de ses multiples, dont ils ont des tables,
s'il y a eu ou s'il y aura une éclipse à telle époque donnée
du passé ou de l'avenir; mais ils ne peuvent évidemment
assurer si elle est visible pour tel lieu sans d'autres calculs.

Les Brammes m'ont communiqué encore une foule de
renseignements sur leur astronomie ancienne et moderne,
que je ferai connaître plus tard en publiant leur astronomie
pratique avec toutes les tables qui servent à composer le
calendrier, à calculer les éclipses de soleil et de lune, et la
position des planètes dans les Nokhyottros. Ce qui précède
suffit pour donner une idée véritable de l'astronomie, de
la chronologie et de l'astrologie des Indiens; le reste n'en
est que l'application.

CHAPITRE XIII.

DE L'ASTRONOMIE DES CHINOIS.

Les Chinois ont en commun avec les Indiens plusieurs conventions et principes d'astronomie. Depuis les savantes recherches des PP. Jésuites on s'est beaucoup occupé, en Europe, de savoir si les Chinois et les Indiens avaient reçu leurs connaissances astronomiques d'un seul peuple primitif, ou si une de ces deux nations en était redevable à l'autre, qui les aurait inventées. D'abord, voyons quelles sont positivement les premières connaissances astronomiques des Chinois.

Le *Chou-king* dit[1] : « Yao ordonna à ses ministres Hi et Ho de respecter le ciel suprême, de suivre exactement et avec attention les règles pour la supputation de tous les mouvements des astres, du soleil et de la lune, et de faire connaître au peuple les temps et les saisons par la rédaction du calendrier.

« Il ordonna particulièrement à Hi-tchong d'aller à la vallée brillante de Yu-y, et d'y observer le lever du soleil, afin de régler ce qui se fait au printemps. L'égalité du jour et de la nuit, et l'observation de l'astre Niao, font juger du milieu du printemps; c'est alors que les peuples sortent de leurs demeures, et que les oiseaux et les autres animaux sont occupés à faire leurs petits.

« Hi-chou eut ordre d'aller à Nan-kiao, et d'y régler les

---

[1] *Livres sacrés de l'Orient*, par G. Pauthier, p. 16, 47.

changements qu'on voit en été. La longueur du jour et
l'observation de l'astre Ho font juger du milieu de l'été ;
c'est alors que les populations se séparent davantage les
unes des autres, que les oiseaux changent de plumage, et
les animaux de poil.

« Il fut particulièrement prescrit à Ho-tchong d'aller dans
la vallée obscure de l'Occident, pour suivre et observer
avec respect le coucher du soleil, et régler ce qui s'achève
en automne. L'égalité du jour et de la nuit, et l'observa
tion de l'astre Hiu, font juger du milieu de l'automne; alors
le peuple est tranquille, le plumage des oiseaux et le poil
des animaux donnent un agréable spectacle.

« Ho-chou eut ordre d'aller au nord, à Yeou-tou, pour
disposer ce qui regarde les changements produits par
l'hiver. La brièveté du jour et l'observation de l'astre Mao
font juger du milieu de l'hiver. Les populations se retirent
alors, pour éviter le froid; le plumage des oiseaux et le
poil des animaux se resserrent.

« L'empereur dit : Hi et Ho, une période solaire est de
366 jours; en intercalant une lune, et en déterminant
ainsi quatre saisons, l'année se trouve exactement com-
plétée. Cela étant parfaitement réglé, chaque fonctionnaire
s'acquittera, selon le temps et la saison, de son emploi, et
tout sera dans le bon ordre. »

On lit, dans un autre chapitre du *Chou-king*, ce second
passage important[1] : « Hi et Ho, plongés dans le vin, n'ont
fait aucun usage de leurs talents; ils ont agi contre les devoirs de leur charge, et sont sortis de leur état. Ils sont les
premiers qui ont mis le désordre et la confusion dans les
nombres fixes du ciel, et qui ont abandonné la commission

[1] *Livres sacrés de l'Orient.* p 67.

qu'on leur avait donnée. Au premier jour de la dernière lune d'automne, le soleil et la lune, en conjonction, n'ont pas été d'accord dans Fang. L'aveugle a frappé le tambour ; les mandarins et le peuple ont, comme le Chi, couru avec précipitation. Hi et Ho, dans leur poste, n'ont rien vu ni rien entendu ; aveugles sur les apparences célestes, ils ont encouru la peine portée par la loi des anciens rois. Selon ces lois, celui qui devance ou qui recule le temps, doit être sans rémission puni de mort. »

Les commentateurs de ces deux passages disent que du temps des premiers empereurs de la Chine, il y avait des mathématiciens chargés de rédiger un calendrier, dans lequel étaient marqués, pour l'année de 366 jours (ou 365 1/4), les solstices et les équinoxes ; que ces points répondaient à quatre étoiles ; que les planètes, avec le soleil et la lune, étaient observés dans leurs mouvements ; qu'il y eut une éclipse dans Fang, qui n'avait pas été annoncée au peuple par Hi et Ho, et voilà tout.

On peut bien accorder cela aux anciens Chinois, sans leur reconnaître beaucoup de connaissances. Les anciens peuples ont dû commencer par se faire un calendrier fondé sur les quatre saisons, et chercher à prédire tant bien que mal les éclipses, qui les épouvantaient.

Le P. Gaubil dit [1] que le *Chou-king* fut composé , 484 ans avant l'ère chrétienne, par Confucius, qui se servit pour cela des anciennes histoires ; que l'empereur Chi-hoang-ti ordonna, deux cent soixante et onze ans après, qu'on le brûlât (ainsi que tous les livres d'astronomie et d'histoire) ; que l'empereur Ven-ti voulant recouvrer cet ancien livre trente-sept ans plus tard ne put en trouver

[1] *Livres sacrés de l'Orient*, p. 1 et 2.

un seul exemplaire; qu'il l'obtint cependant, en le faisant *récrire* par Fou-cheng, vieillard de quatre-vingt-dix ans, qui en savait une partie par cœur; que sous l'empire de Vou-ti, qui commença son règne l'an 140 avant J. C., on en trouva un exemplaire dans les ruines de l'ancienne maison de la famille de Confucius; qu'il était écrit sur des tablettes de bambou, et que dans beaucoup d'endroits les caractères étaient effacés et rongés par les vers; que Kong-gan-koue, de la famille de Confucius, en déchiffra cinquante-huit chapitres, et les commenta; que des lettrés de l'Académie, que des savants du premier ordre, du temps des Han et des Tsin, jusqu'à l'an 497 après J. C., *faisaient peu de cas du Chou-king* déchiffré et commenté par Kong-gan-koue; qu'ils regardaient *comme peu authentiques* les chapitres de son ouvrage qui ne se trouvaient pas dans le Chou-king du vieux Fou-cheng; *qu'enfin,* vers le VIe siècle de notre ère, les cinquante-huit chapitres de l'ouvrage de Kong-gan-koue furent généralement reconnus pour ce qu'on avait de l'ancien Chou-king. C'est ce Chou-king que le P. Gaubil a traduit, et qui m'a fourni les passages précités.

Il faut ajouter que le chapitre où se trouve l'histoire de l'éclipse manquant dans le Chou-king dicté par Fou-Cheng, a été par conséquent regardé comme *peu authentique* jusqu'au VIe siècle à peu près.

Le P. Souciet[1] ajoute *que l'on n'est pas sûr* que la lune d'automne mentionnée dans le texte corresponde à la neuvième lune du calendrier chinois actuel, et que l'ancienne constellation Fang soit la constellation Fang d'aujourd'hui; *que l'on ignore,* d'ailleurs, quelle était son étendue.

Ne pourrait-on pas accepter le jugement des premiers

---

[1] *Observations mathém.* par les PP. Souciet et Gaubil, vol. III, p. 43

savants de la Chine, qui ont rejeté[1] ce chapitre *comme in
digne de foi?* Je crois que l'histoire de l'éclipse pendant laquelle le soleil est mordu, mangé ou divisé par Rahou, vient
des Indiens; c'est chez eux un usage très-ancien de battre
du tam-tam et de faire le plus de bruit possible quand une
éclipse de soleil les plonge dans les ténèbres, et en fait
comme des aveugles. Grands et petits, tous courent avec
précipitation là où les tambours font le plus de tapage,
car c'est là où Rahou sera le moins dangereux et le plus
épouvanté.

Du reste, cette éclipse a été calculée suivant les données
des commentateurs chinois[2] par M. Largeteau, et il a été
reconnu qu'elle n'a pu être remarquée à Gan-y-hien, où l'on
dit qu'elle a jeté tout le monde dans les ténèbres; qu'elle
était insignifiante, de deux doigts à peu près; qu'elle est arrivée *la nuit*, comme une autre dont parle encore le Chou-king.

Introduite dans ce vieux roman chinois par des lettrés,
après avoir été calculée par la période de Rahou, si familière
aux Indiens, elle n'aura été encadrée dans une histoire de
Ho et de Hi, qu'afin de lui donner un vernis d'antiquité.

« Dès avant J. C., dit le P. Gaubil[3], les épactes des Chinois et leur manière de les compter ont été absolument les
mêmes que dans l'astronomie siamoise, expliquée par
M. Cassini. » Or l'on sait que l'astronomie siamoise est
venue de l'Inde, et qu'elle est basée sur les principes ré-
sumés par Shoûrdjyo Shiddhanto. On ne peut pas précisé-

---

[1] C'est déjà beaucoup que d'admettre que ce chapitre ait existé avant la
fin du ve siècle de notre ère.

[2] *Recherches sur l'ancienne astronomie des Chinois,* par M. Biot, in-4°, 1840;
p. 69 et 70.

[3] *Observations,* p 184

ment conclure de là que dès avant J. C. les Indiens ont instruit les Chinois; mais il faut bien admettre que les Chinois eurent de bonne heure des rapports de grande confiance avec les Brammes, puisqu'ils se décidèrent à leur emprunter un dieu et une religion. Le P. Couplet dit[1] que ce fut l'an 65 de J. C., la huitième année du règne de l'empereur Mim-ti, que des ambassadeurs furent envoyés en Occident (dans l'Inde), pour en apporter un saint homme (Bouddha) et une sainte loi (le Bouddhisme); et que c'est ainsi que la secte de Fo s'introduisit dans la Chine. «Annum illum fuisse oc« tavum imperatoris Mim-ti, a quo in Occidentem legati missi « sunt, ut inde sanctum virum et sanctam legem adporta« rent. Reduces legati invexere in Sinas sectam Foe et ipsius « dogmata anno post Christum sexagesimo quinto. »

On doit bien penser que les Bonzes, qui sont des Brammes, et portent le même nom, *Po-lo-men*, introduisirent, avec leur dieu Fo, leur astronomie et leur astrologie dans la Chine; qu'ils corrompirent les plus anciens livres en voulant les corriger ou les enrichir de leurs idées; qu'ils composèrent une foule d'ouvrages pour répandre leurs connaissances indiennes, ainsi que la religion indienne de leur dieu indien. C'est probablement à eux que l'on doit le *Tcheou-chou* trouvé[2], au IIIe siècle, dans un tombeau. On voit dans ce livre les noms des douze *tchong-ki* et vingt-quatre *tsie-ki*, qui sont l'équivalent des douze mois de la lune, et des vingt-quatre divisions stellaires des mois lunaires pendant l'année, dont douze *blanches*, et douze *noires*.

D'autres étrangers, qui étaient probablement des Indiens, apportèrent, l'an 164 de J. C., de plus grandes connais

---

[1] *Observations*, p. 25
[2] *Recherches*, p. 19

sances aux Chinois[1]. Ce qui est certain, c'est que des Brammes (car eux seuls s'occupent d'astronomie) partirent du royaume d'Yu-tse, dont la capitale était Kant-gu, arrivèrent à la Chine, et apprirent aux Chinois l'usage du *Loheou* et du *Kitou*. Le livre qui contenait leur doctrine fut traduit en chinois longtemps après ; il s'appelait *Kieou-tche*.

Il n'est pas facile de savoir quel est ce royaume d'Yu-tse et cette capitale appelée Kant-gu. Les Chinois, comme les Tibétains, défigurent tous les mots indiens en les traduisant dans leur langue. Mais on reconnaît dans *Kieou-tche*, Cassi (Bénarès); dans *Loheou*, Rahou; et dans *Kitou*, Ketou.

Je présume que l'astronomie de Cassi a été portée par des Brammes du Nepal, dont Katimandou est la capitale.

Le P. Gaubil, qui connaissait les livres chinois mieux qu'un Chinois, écrivait à M. Anquetil[2], le 2 septembre 1758, que les Brammes étaient venus à la Chine il y avait plus de seize cents ans, et que depuis plus de treize cents ans les Chinois avaient mis en chinois ce qu'ils apprirent d'eux sur la religion, l'astronomie et la géométrie.

Quel aveu! Le Chou-king, le plus ancien des livres chinois, a donc pu être corrompu par les Bonzes jusqu'au VIe siècle? Je ne parle pas de l'Y-king, c'est un logogriphe. Mais quand et comment les autres Kings qui aussi avaient été brûlés, s'ils existaient toutefois, ont-ils été retrouvés ou refaits? C'est là un mystère. Leur authenticité et leur intégrité doivent-elles être admises comme incontestables par nous autres barbares qui ne connaissons pas seulement ce que c'est qu'une clef? Non.

La première étoile des vingt-huit mansions chinoises,

---

[1] *Hist. de l'astron. moderne* de Bailly, t. I, p. 270, 275, 623, 625, 626.
[2] *Zend-Avesta*, t. I, p. CCCXXXV

Spica virginis, est précisément la base déterminatrice des mansions indiennes, à l'opposé d'Aṣhîn et du ♉. C'est avec cette étoile, observée par Moyo la nuit de l'équinoxe du printemps, à 180° de cet équinoxe, que se coordonnent les autres étoiles et les vingt-huit Nokhyottros. Ainsi il est certain que tous les livres chinois qui placent Kio au premier rang des mansions lunaires sont postérieurs à l'an 345 de J. C., si, dans Kio, *Spica virginis* est après 180° du commencement de Leou, qui répond à Aṣhîn. Dans le cas contraire, on doit croire que les Nokhyottros ont été communiqués aux Chinois avant les observations de Moyo; et cette dernière hypothèse est aussi probable, car on voit que les noms de ces Nokhyottros sont rapportés dans le livre chinois trouvé dans un tombeau.

Le Bonze Y-hang, qui vivait l'an 724 de l'ère chrétienne, détermine [1], comme suit, l'étendue des vingt-huit mansions chinoises; et j'ai porté en regard, dans la seconde bande, les étoiles que les Jésuites et les astronomes modernes désignent [2], d'après nos cartes célestes, comme étant aux limites de ces mansions.

Il me semble que le Bonze Y-hang n'a pas été compris par les auteurs des *Observations* et des *Recherches;* ce Bonze, en effet, dit quelle est la distance apparente des vingt-huit étoiles caractéristiques des Nokhyottros entre elles, telles qu'elles lui étaient indiquées de son temps par un astrologue plus ou mois habile; et les interprètes européens du travail du Bonze appellent *étendue équatoriale* de chaque mansion ce qui n'est que la distance des étoiles de deux ou trois mansions. Ainsi voilà une interprétation à réformer, mais que je rapporte telle quelle.

[1] *Observations,* p. 104 — [2] *Recherches,* p. 72

Nᵒˢ	MANSIONS.	ÉTENDUE équatoriale.	ÉTOILES placées aux limites.
		degrés.	
1	Kio.	13	α Vierge.
2	Kang.	9	$\varkappa$ *id.*
3	Ti.	15	α Balance.
4	Fang.	5	δ Scorpion.
5	Sin.	4	σ *id.*
6	Ouey.	17	ε *id.*
7	Ky.	10	γ Sagittaire.
8	Teou.	23	φ *id.*
9	Nieou.	7	β Capricorne.
10	Nu.	11	ε Verseau.
11	Hiu.	10	β *id.*
12	Goey.	17	α *id.*
13	Tche.	17	α Pégase.
14	Py.	9	γ *id.*
15	Koey.	17	ζ Andromède.
16	Leou.	12	β Bélier.
17	Oey.	14	α Mouche.
18	Mao.	11	η Pléiade.
19	Pi.	16	γ Taureau.
20	Tse.	1	λ Orion.
21	Tsau.	9	δ *id.*
22	Tsing.	30	μ Gémeaux.
23	Kouey.	2	θ Cancer.
24	Lieou.	10	δ Hydre.
25	Sing.	6	α *id.*
26	Tchang.	18	λ *id.*
27	Y.	19	α *id.* et Coupe.
28	Tchin.	18	γ Corbeau.

Le P. Souciet[1] nous apprend, au sujet de ce savant et célèbre astronome Y-hang, qu'il fut fortement accusé de s'être approprié les connaissances astronomiques renfermées

[1] *Astronomie moderne* de Bailly, t. I, p. 276 et 277

dans le Kieou-tche, et de les avoir données comme ses propres découvertes. C'est Ku-tan, le traducteur du Kieou-tche, qui le dénonça.

Je crois, comme Ku-tan, que Y-hang copia et comprit mal l'astronomie des Brammes de Cassi ou Bénarès. Les premières étoiles de Kio et de Leou étant fondamentales, durent lui être mieux indiquées par quelque astrologue indien que les étoiles des autres mansions. L'étendue qu'il donne en nombres ronds est une approximation de la distance de quelques étoiles entre elles, étoiles d'ailleurs assez remarquables parmi celles qui se trouvent dans les mansions; mais on ne peut s'empêcher de croire que l'astrologue qui dirigeait Y-hang ne fût semblable à ces astrologues de village qu'on trouve partout dans l'Inde, et qui, pour quelques pièces de monnaie, vous indiquent imperturbablement chaque station lunaire pendant une belle nuit, en vous montrant du doigt, après s'être frotté les yeux, quelle est sa principale étoile, ou une de ses étoiles. Il est rare que ces ignorants rencontrent plus juste. L'essentiel était de placer le commencement de Leou à l'équinoxe du printemps.

Le Bonze nommé Pou-kong apprit[1] aux Chinois les noms de Bélier, de Taureau, etc. que nous donnons aux douze signes du zodiaque. Il est inutile de dire que l'astrolabe, la science gnomonique et l'année luni-solaire des Brammes sont passés de l'Inde aux Chinois de très-bonne heure, et qu'on en trouve plus d'une preuve dans leurs histoires et leurs livres, auxquels ils donnent, *suivant l'usage oriental*, la plus haute antiquité. Mais c'est aux Européens, et aux savants surtout, à n'en croire que ce qui est raisonnable et en harmonie avec des faits bien constants. Je puis citer, comme livres

[1] Souciet, *Observations*, t. II, p. 132.

dont l'antiquité me paraît très-suspecte, le dictionnaire *Eul-ya*, le *Tcheou-pey*, le *Tcheou-li*, le *Tcheou-chou*, trouvé, dit-on, au IIIe siècle de notre ère dans un tombeau, le *Hia-sia-tching* et le *Yue-ling*, qui font partie du recueil de *Y-ly*, le *Wen-hian-tchong-kao*, attribué à Ma-tuan-lin, le *Kien-siang*, le *Hoang-fou-mi* et le *Tien-yuen li-li*.

Tous ces livres portent la marque[1] du doigt indien, et je ne crois pas qu'aucun d'eux soit antérieur à notre ère, au moins en totalité. Les sectateurs de Fo ou Bouddha en sont certainement les auteurs ou les corrupteurs. Chassés de l'Inde par les Brammes panthéistes et védistes, ou violemment persécutés, vers le commencement du christianisme, ils ont dû porter à la Chine et ailleurs leurs doctrines et les connaissances astronomico-astrologiques de leur pays natal. M. Klaproth, et un de mes bons amis, qui est mort à Chandernagor, M. Csoma de Körös, ont publié deux tables chronologiques du Bouddhisme dans la Chine, le Japon et le Tibet, qui viennent à l'appui de mon opinion. Ces tables se trouvent dans les Tables usuelles, formant un appendice au Journal de la Société Asiatique de Calcutta, par J. Prinsep, p. 128 et 129.

Il serait curieux de savoir quand la chronologie imaginaire des Indiens a pénétré dans la Chine pour la première fois; c'est un point qu'on ne peut pas décider, surtout pour

---

[1] Voyez *Recherches*, pour les livres, mais non pour les opinions de M. Biot, qui me paraissent, jusqu'à ce jour, exagérées quand il parle des livres et de l'astronomie des Chinois: je ne sais s'il n'admet pas trop facilement les assertions, à cet égard, de quelques PP. Jésuites ou de quelque orientaliste de Paris. Les travaux de plusieurs PP. Jésuites ont besoin d'être entièrement refaits pour ce qui regarde l'antiquité chinoise: je me suis assuré que c'est là l'opinion de presque tous les missionnaires non jésuites qui travaillent à la conversion des peuples de la Chine et de la Cochinchine.

l'ère bouddhiste; mais on peut assurer que l'idée d'une conjonction générale des planètes, que l'on place au commencement du Kali-youg chez les Indiens, âge que les Chinois ont traduit par *Chang-yuen* [1], ne remonte pas au delà de treize cent quarante-cinq ans; car c'est vers ce temps que quelques astrologues indiens se mirent à mal interpréter le *Shoúrdjyo-Shiddhanto*, et à le commenter dans ce sens qui me paraît faux, excepté pour la lune et le soleil.

[1] *Recherches*, p. 27.

CHAPITRE XIV.

DE L'ASTRONOMIE DES ARABES, DES PERSANS, DES COPTES, DES JUIFS, ET DU CULTE DES ASTRES.

Les Jésuites, entrés dans la Chine vers l'an 1581, comprirent bien peu l'astronomie indienne des Chinois : aussi tâchèrent-ils de la remplacer par l'astronomie des Européens ; mais maintenant je ne voudrais pas assurer, d'après les rapports que j'ai eus avec des Chinois instruits et des Européens qui connaissent l'état actuel de la Chine, que les plus savants Chinois soient capables de calculer une éclipse de lune. La prédiction des nouvelles et pleines lunes, et la composition de l'almanach civil sont tout ce qu'il y a de plus scientifique dans le Céleste Empire. On doit en dire autant des Persans et des Arabes. L'astronomie des Indiens et des Grecs, qui leur a été communiquée tour à tour, ne sert qu'aux astrologues, et est à peine comprise par les plus forts.

Anquetil dit quelque part, dans le Zend-Avesta, que les Parsis empruntèrent des Indiens, vers le vi^e siècle, ce qu'ils savent d'astronomie ; et qu'ils furent tellement épouvantés de leur panthéisme, qu'un Fokir de Balk leur composa une nouvelle religion pour les en préserver.

Les Arabes ont dû recevoir l'astronomie indienne à la même époque à peu près. M. Biot dit dans ses Recherches, p. 84 et 85 : «M. Reinaud, membre de l'Académie des inscriptions, auquel les textes arabes sont si familiers, a bien voulu m'apprendre qu'en l'année 772 de l'ère chrétienne, un Indien très-versé dans les doctrines de sa patrie vint à Bagdad, et que le calife Almanzor, célèbre par la protection qu'il accordait à l'astronomie, encouragea les savants les plus habiles à se mettre en rapport avec lui. Suivant M. Reinaud, ce put être alors que les Arabes reçurent la notion des vingt-huit groupes stellaires appelés Nokhyottros; car on ne trouve pas l'idée des mansions exprimée ou même indiquée chez eux avant cette époque. » Ce témoignage de M. Reinaud, dont les connaissances en arabe sont très-profondes et incontestables, est du plus grand poids.

Voici la table synoptique des Nokhyottros coptes, arabes ou persans, avec la longitude des premiers et les étoiles fondamentales des seconds.

NOMS des mansions coptes.	LONGITUDE.	NOMS des mansions arabes et persanes.	ÉTOILES fondamentales.
	sig.		
1 Pikoutôrion.	0 12°24'	16 Ush Shurutan.	γ Bélier.
2 Koliôn.	0 25 0	17 Ul Botyn.	$\rho\rho\rho$ id.
3 Orias.	1 9 0	18 Uth Thuryya.	η Pléiade.
4 Piôrion.	0 21 0	19 Ud Duburan.	γ Taureau.
5 Klousos.	2 4 0	20 Ul Hiqah.	λ Orion.
6 Klaria.	0 17 0	21 Ul Hinah.	γ Gémeaux.
7 Pimahi.	3 0 0	22 Ud Dhira.	α id.
8 Termelia.	0 13 0	23 Un Nuthruh.	Præsepe.
9 Piooutos.	0 26 0	24 Ul Turfuh.	ε Lion.
10 Ditehni.	4 9 0	25 Uj Jebhah.	$\eta\zeta\gamma$ id.
11 Pikôrion.	0 21 0	26 Uz Zoobruh.	$\delta\theta$ id.
12 Asfoulia.	4 4 0	27 Us Surfuh.	β id.
13 Aboukia.	0 18 0	28 Ul Awa.	β Vierge.
14 Khôritos.	6 0 0	1 Simakool nazul.	Épi de la Vierge.
15 Khambalia.	0 13 0	2 Ul Ghufr.	98 id.
16 Pritithi.	0 26 0	3 Uz Zubana.	α Balance.
17 Stefani.	7 9 6	4 Ul Icleet	$\pi\rho\delta\beta$ Scorpion.

NOMS des mansions coptes.	LONGITUDE.			NOMS des mansions arabes et persanes.	ÉTOILES fondamentales.
	sig.				
18 Khardian.	0	21	0	5 Ul Qulb.	α Scorpion.
19 Aggia ou Soleka.	8	4	0	6 Ush Showlah.	υ *id.*
20 Pimamreh.	0	17	0	7 Un Nwaim.	γ Sagittaire.
21 Polis.	9	0	0	8 Ul Buldah.	φ *id.*
22 Oupeountós.	0	13	0	9 Sa'dud Dhabih.	β Capricorne.
23 Oupeouritos.	0	26	0	10 Sa'dool Bula.	ε Verseau.
24 Oupeouineoutès.	10	9	0	11 Sa'doos-soo-ood.	β *id.*
25 Oupeoutherian.	0	21	0	12 Sa'doolukhbiyuh.	γ *id.*
26 Artoulos.	11	4	0	13 Ul Furgh' ool mooquddim.	β Pégase.
27 Artoulosia.	0	17	0	14 Ul Furgh' ool mooukker.	γ *id.*
28 Koutón.	12	0	0	15 Ur Risha.	β Andromède.

Cette table est extraite de l'Astronomie indienne de Bentley, qui l'avait lui-même empruntée à la Grammaire égyptienne du P. Kircher, et à un commentaire d'Ulugh Beigh. J'ai suivi le texte copte du P. Kircher, pour mieux écrire les noms à la française. Les Arabes et les Persans ont absolument les mêmes mansions.

Le mot *khoritos* comme le mot *simakool-nazul,* veut dire station de la plus haute élévation de l'Épi de la Vierge, le jour de l'équinoxe du printemps, à minuit. Il est évident que les Coptes, les Arabes, les Persans et les Chinois, qui prennent l'Épi de la Vierge comme un point équinoxial dans leurs Nokhyottros, montrent par cela même qu'ils ont emprunté ces divisions lunaires aux Indiens, depuis les observations de Moyo, et non auparavant.

Si l'on compare le sens des mots coptes et arabes qui

désignent les vingt-huit Nokhyottros, on sera convaincu que l'une de ces listes, la copte probablement, est une pure traduction de l'autre, qui aura été composée d'après des figures.

Le *Boun-dehesch* des sectateurs de Zoroastre est une compilation moderne, qui renferme dans son fumier les noms des vingt-huit Nokhyottros indiens et une foule de conventions astronomico-astrologiques des Brammes; mais il est impossible, avec les seuls renseignements qu'on trouve dans la traduction d'Anquetil, de coordonner ces Nokhyottros avec ceux de l'Inde; il faudrait savoir, au moins, le rapport de deux Nokhyottros parsis avec deux mansions indiennes ou avec deux étoiles. C'est là un travail à faire par celui qui reverra les travaux d'Anquetil, et donnera une traduction plus vraisemblable du texte zend. Les vingt-huit *Khordehs* mâles, qui président aux vingt-huit mansions lunaires, sont Pesch, Parvîz, Peroûez, Pehé, Aveser, Beschen, Rekhad, Tarehé, Avré, Nehn, Meïan, Avedem, Mâschâhé, Sapner, Hosro, Srôb, Nor, Guel, Grefsché, Vareand, Gâo, Goî, Moro, Bondé, Kehtser, Veht, Meîan, Keht.

Comme les Indiens, les Parsis divisent l'année en six saisons qu'ils appellent *gahambars*, le jour en quatre parties, ainsi que la nuit, ou l'*hémérynyctée*, en huit.

Le compilateur de ces livres zends connaissait un peu la doctrine des Chrétiens, des Musulmans et des Brammes; il dit que Zoroastre était son maître (*Vendidad sadé*, xiiie Ha); il craint beaucoup les revenants des Musulmans, leur pont aigu qu'il faut passer après la mort pour être heureux, les Debtas des Indiens, dont les formes menaçantes l'épouvantent; il parle de la résurrection des morts, de la fin du monde, de la chute des astres, et du Serpent, auteur primitif du mal répandu sur la terre.

Il n'est pas le seul sectateur de Zoroastre qui ait toutes ces frayeurs; mais il y a un moyen employé par les Parsis de Calcutta pour se mettre à l'abri de toutes les méchancetés de ces sortes d'ennemis : c'est de porter un *tabij* (*tavid*, talisman) au cou ou au bras gauche. Il faut seulement que ce tabij soit consacré par la prière qui se trouve dans le soixante et douzième numéro des *ieschts sadés*, ainsi conçue : «Au nom de Dieu, au nom du fort, du brillant Feridoun (le Soleil), fils d'Athvian (*atma*, dieu, esprit), je lie tous les maux produits par Ahriman (dieu du mal), par les Dews (les Debtas indiens), par les Daroudjs (constellations figurées sous des formes menaçantes), les Aschmoghs (les constellations indiennes du zodiaque lunaire, commençant par Aşhîn à tête de cheval), les magiciens et les Paris (diables et sorciers de Balk), en frappant tous les autres Daroudjs par la force du feu (émanation du Soleil), par la puissance du brillant Feridoun, la force des planètes et des étoiles fixes; que le magicien, que le revenant *musulman* soient anéantis! »

Le Soleil, la Lune, Mithra et les étoiles sont, avec le feu, les principaux emblèmes du dieu bon, d'Ormuzd, qui seul reçoit en dernier lieu les hommages des Parsis les plus éclairés. Le dieu mauvais, Ahriman, ne reçoit que des malédictions; car c'est autant l'ennemi de l'homme que celui d'Ormuzd. Le culte rendu aux éléments de la nature est tout à fait relatif au dieu bon chez les sectateurs de Zoroastre. Il n'en est pas ainsi chez les panthéistes indiens. C'est dans ce sens qu'on doit entendre la prière suivante du *Vendidad sadé*, 1ᵉʳ Ha (vol. II, p. 87) : «J'invoque et je célèbre le divin Mithra, élevé sur les mondes purs; les astres, peuple excellent et céleste; Taschter, astre brillant et lumineux ; la Lune, dépositaire du germe du Taureau ; le Soleil éblouissant, coursier vigoureux, l'œil d'Ormuzd. »

Quoique le Zend-Avesta, comme tous les anciens livres religieux des Indes et de la Chine, soit une compilation informe, faite aussi, en un temps très-peu éloigné, avec des pièces mal rapportées, on y trouve certainement des passages qui appartiennent à la plus haute antiquité ; ce sont ordinairement, ainsi que dans les Védas, les prières et les hymnes au Dieu-monde, au Soleil, à la Lune, aux planètes, aux étoiles, au ciel, à la terre, au feu, à l'eau, à l'air, et à tous les éléments personnifiés.

Le christianisme a toujours eu beaucoup de peine à donner des idées pures de la Divinité, une de sa nature, et essentiellement séparée en soi de tout ce qui est créé, à ceux qui croient en deux dieux égaux ; et à expliquer la différence du bien et du mal aux polythéistes, qui voient Dieu essentiellement et éternellement matérialisé en tout, et principalement dans le Soleil, la Lune et les étoiles. Là où le mystère théiste de la matière contingente n'est pas cru, on trouve nécessairement le mystère polythéiste de la matière éternelle ; car entre la création révélée et l'absurde matérialisme il n'y a pas plus de milieu qu'entre le théisme rationnel et l'irrationnel polythéisme ou le panthéisme. Les Manichéens, les Priscilliens et les Sabéens ne furent pas autre chose que des panthéistes qui voulaient marier leur croyance avec le christianisme, *en le panthéisant.* Saint Augustin, qui avait cru au manichéisme avant d'être chrétien, nous dit de cette secte (Tr. 34, *in Joannem*) : « Manichæi solem istum oculis carneis visibilem, expositum « et publicum non tantùm hominibus, sed etiam pecoribus « ad videndum, Christum Dominum esse putaverunt. »

Les Arabes donnent des noms particuliers aux vingt-huit génies indiens qui président aux vingt-huit Nokhyottros. Ce sont : Kiaiel, Hiaiel, Ginchiael, Delhaiel, Huaiel, Higiaiel, Zisaiel, Hathaiel, Tiaiel, Biaiel, Kekaiel, Leaiel, Mazaiel, Nakuaiel, Cakaiel, Aklaiel, Papaiel, Mesraiel, Kephaiel, Rezaiel, Setasiel, Tetaiel, Tetzaiel, Chachaiel, Dedaiel, Zazaiel, Tatzaiel, Harchaziel.

On n'ignore pas que les Israélites embrassèrent bien des fois le culte des peuples idolâtres qui les environnaient de toutes parts; et on sait, à n'en pas douter, que le Soleil, la Lune et les étoiles étaient, du temps de Moïse, les premiers dieux du panthéisme, les dieux du ciel, dont on faisait souvent des images pour le peuple. On adorait ces dieux, comme font encore les Brammes, *en les saluant de la main*, en les considérant *silencieusement, et les mains jointes, que l'on baisait de temps en temps.* Les obélisques furent probablement les premières idoles en l'honneur du Soleil, dont ils représentaient les rayons. Ce sont ces *pierres insignes, couvertes d'inscriptions et de titres royaux* qui sont défendues par Dieu, et que l'on voyait déjà dans l'Égypte sous les premiers Pharaons. « Non facies tibi sculptile, » dit Moïse, « neque omnem similitudinem quæ est in cœlo desuper[1], « ne fortè elevatis oculis ad cœlum, videas Solem et Lunam, « et omnia astra cœli, et errore deceptus adores ea et colas, « quæ creavit Dominus Deus tuus in ministerium cunctis « gentibus, quæ sub cœlo sunt[2]. Cum reperti fuerint apud « te, intra unam portarum tuarum quas Dominus Deus tuus « dabit tibi, vir aut mulier qui faciant malum in conspectu « Domini Dei tui, et transgrediantur pactum illius, ut va- « dant et serviant diis alienis, et adorent eos, *Solem, et*

[1] *Exod.* xx, 4. — [2] *Deuter.* iv, 19.

« *Lunam, et omnem militiam cœli*, quæ non præcepi : et hoc
« tibi fuerit nuntiatum, audiensque inquisieris diligenter,
« et verum esse repereris, et abominatio facta est in Israël :
« educes virum ac mulierem, qui rem sceleratissimam per-
« petrarunt, ad portas civitatis tuæ, et lapidibus obruentur[1]. »
Job dit[2] qu'il n'est pas coupable de cette abomination, qui
consiste à adorer le Soleil et la Lune : « Si vidi solem cùm
« fulgeret, et lunam incedentem clarè : et lætatum est in
« abscondito cor meum, et *osculatus sum manum meam ore*
« *meo;* quæ est iniquitas maxima, et negatio contra Deum
« altissimum. » « Non facietis, » dit encore Moïse[3], « idolum
« et sculptile, *nec titulos erigetis, nec insignem lapidem ponetis*
« *in terra vestra, ut adoretis eum.* »

C'est à cause de toutes ces prohibitions et de l'horreur
qu'inspirait aux bons Israélites le culte des astres, qu'on
trouve à peine le nom des idoles, faites en l'honneur des
corps célestes, dans les livres saints. L'astronomie, cor-
rompue de bonne heure par l'astrologie et l'idolâtrie, était
méprisée du peuple de Dieu; il lui suffisait de pouvoir composer son almanach civil, et de calculer les nouvelles et
pleines lunes pour l'observation des fêtes qui s'y rattachent.
Aussi ne doit-on pas croire tout ce que disent d'Abraham,
et de la science astronomique des Juifs, certains Juifs qui
veulent, contre toute vraisemblance, élever leur nation,
sous le rapport de cette science profane, au-dessus des
autres nations. D'après ces insensés, les douze signes du
zodiaque ne seraient que les armes des douze tribus[4], le

[1] *Deuter.* XVII, 2, 3, 4, 5
[2] *Job,* XXXI, 26, 27, 28
[3] *Levit.* XXVI, 1
[4] Kircher. *Œdipe,* t. II.

Lion étant le signe héraldique de Juda, le Verseau celui de Ruben, le Taureau celui d'Éphraïm, le Scorpion celui de Dan, etc.

Cela me rappelle l'interprétation pieuse, que me donnait un chrétien, des douze pagodes réunies autour de la grande pagode solaire de Chandernagor dont j'ai parlé dans un chapitre précédent; il me disait que la grande pagode avait été consacrée à Notre-Seigneur, et que les douze petites avaient été bâties en l'honneur des douze apôtres.

On peut bien croire pourtant une partie de ce que dit le Syncelle au sujet d'Abraham, car tout n'est pas absolument invraisemblable; mais on doit ranger parmi les fables ce qu'il nous apprend de l'ange Uriel, d'autres anges, de deux chefs de géants, et de l'origine de l'alphabet grec. « Abraham, Chaldæus genere, primam ætatem apud suos « egit, et astrorum notitia, et reliqua Chaldæorum erudi- « tione non leviter imbutus fuit... Ab Abraham siderum « positiones et motus perfectamque numerorum scientiam « acceperunt Ægyptii[1]. Litteras è terra Chaldæorum delatas « Phœnicibus primùm ab Abraham traditas recentiores as- « serunt; a Phœnicibus Græci notitiam earum accepisse pro- « fitentur[2]. »

« Quid mensis, quid solis conversio, quid annus, annum « insuper ipsum hebdomadibus duabus et quinquaginta com- « poni, archangelus Uriel, astris præpositus, Enocho re- « velavit[3]. »

Cependant Énoch, qui vécut l'an du monde 1286, dit, comme le rapporte encore le Syncelle, que cent seize ans

[1] Le Syncelle, p. 98, éd. de 1652.
[2] Ibid. p. 102.
[3] Ibid. p. 46.

avant lui deux chefs de géants, Balciel et Chobabiel, ensei-
gnaient l'astronomie et l'astrologie[1]; que des anges, livrés à
la magie et aux prestiges, apprenaient aux femmes quel
était le cours et le nombre des astres qui brillent au ciel[2].
Oh les Rabbins!

[1] Le Syncelle, p. 18.
[2] *Ibid.* p. 19.

CHAPITRE XV.

DE L'ASTRONOMIE DES CHALDÉENS COMPARÉE À CELLE DES INDIENS, ET DE LEUR RELIGION DU TEMPS DU PROPHÈTE DANIEL.

1° Diodore de Sicile dit des Chaldéens[1] : « Les Chaldéens descendent des plus anciennes familles de Babylone, et ils observent une forme de vie approchante de celle des prêtres d'Égypte; car pour se rendre plus savants et plus entendus au service des dieux, ils s'appliquent continuellement à la philosophie, et se sont fait une grande réputation en astronomie.

2° « Les Chaldéens ayant fait d'ailleurs de longues observations des astres, et connaissant plus parfaitement que tous les autres astrologues leurs mouvements et leurs influences, prédisent aux hommes la plupart des choses qui doivent leur arriver. Ils regardent surtout comme un point difficile et de conséquence la théorie des cinq astres qu'ils nomment *interprètes*, et que nous appelons planètes; et ils observent particulièrement celle à qui les Grecs ont donné le nom de *Chronus*. Cependant ils disent que le Soleil est non-seulement le plus brillant des corps célestes, mais encore celui dont on tire le plus d'indications pour les grands événements. Ils distinguent les quatre autres par les noms particuliers d'*Arès*, d'*Aphrodite*, d'*Hermès* et de *Zeus*. Ils

---

[1] Voyez l'extrait de Diodore dans l'*Histoire de l'astronomie ancienne* de Bailly, aux éclaircissements du livre IV.

leur ont donné le nom d'*interprètes*, parce que les étoiles
fixes gardant toujours la même position et les mêmes distances entre elles, celles-là ont un mouvement propre qui
sert à marquer l'avenir, et elles assurent souvent les hommes
de la bienveillance des dieux; car les unes par leur lever,
les autres par leur coucher, d'autres par leur couleur seule,
annoncent diverses choses à ceux qui les observent attentivement. On est averti par elles des vents, des pluies et
des chaleurs extraordinaires. Ils prétendent aussi que les
apparitions des comètes, les éclipses du soleil et de la lune,
les tremblements de terre, et tous les changements qui arrivent dans la nature sont des présages de bonheur et de
malheur, non-seulement pour les nations entières, mais encore pour les rois et pour les particuliers.

3° « Ils s'imaginent que les cinq planètes commandent à
trente étoiles subalternes, qu'ils appellent *dieux-conseillers*,
dont la moitié domine sur tout ce qui est au-dessous de la
terre, et l'autre moitié observe les actions des hommes, ou
contemple ce qui se passe dans le ciel. De dix jours en dix
jours une étoile est envoyée par les planètes sous la terre,
et il en part une de dessous la terre pour leur apprendre ce
qui s'y passe.

4° « Ils comptent douze dieux supérieurs, qui président
chacun à un mois et à un signe du zodiaque. Le Soleil, la
Lune et les cinq planètes passent par ces douze signes; mais
le Soleil ne fait ce chemin que dans une année, et la Lune
l'achève dans un mois. Chaque planète a sa période particulière; mais leurs révolutions se font avec de grandes différences de temps et de grandes variations de vitesse.

5° « Ils déterminent, hors du zodiaque, vingt-quatre constellations, douze septentrionales et douze méridionales. Les

douze qui se voient dominent sur les vivants, celles qui ne se voient pas dominent sur les morts, et ils les croient juges de tous les hommes.

6° « La Lune est placée au-dessous de toutes les étoiles et de toutes les planètes dont nous venons de parler. Comme elle est la moindre de toutes, elle est aussi la plus proche de la terre, et sa révolution se fait en moins de temps, non à cause d'une plus grande vitesse, mais à cause de la petitesse de son orbite. Ils conviennent, avec les Grecs, qu'elle n'a qu'une lumière empruntée, et que ses éclipses viennent de ce qu'elle entre dans l'ombre de la terre. Ils n'ont encore qu'une théorie fort imparfaite des éclipses de soleil, et ils n'oseraient les déterminer ni les prédire.

7° « Ils ont des idées particulières au sujet de la terre, qu'ils regardent comme creuse ; et ils apportent un grand nombre de raisons assez vraisemblables en faveur de ce sentiment et de plusieurs autres, qui leur sont particuliers, sur ce qui se passe dans la nature.

8° « Il suffit de dire que les Chaldéens sont les plus habiles astrologues qu'il y ait au monde, comme ayant cultivé cette science avec plus de soin qu'aucune autre nation connue. Au reste, on n'ajoutera pas aisément foi à ce qu'ils avancent sur l'ancienneté de leurs observations ; car, selon eux, elles ont commencé quatre cent soixante et treize mille ans avant le passage d'Alexandre en Asie. » Tel est le rapport de Diodore.

9° Le Syncelle rapporte un extrait de Bérose, qui est précieux pour montrer, avec ce qui précède, l'identité de l'astronomie des Chaldéens et des Indiens. Le voici en latin : « Qui duabus tabulis infra locandis mentem attentiùs ad- « jecerit, duorum istiusmodi scriptorum, quos memoravi- « mus, commentitiam prospiciet scriptionem, Berosi, dico,

« et Manethonis, illius Chaldæorum, hujus Ægyptiorum
« gentem propriam pro viribus extollere contendentis. Mi-
« retur porrò lector, etiam obvius, quòd portentosis suis
« scriptis eumdem annum principium commune non sunt
« reveriti. Sed et Berosus, *Saris, Nerus* et *Sossis* annorum
« numerum composuerit : quorum quidem *Sarus* ter millium
« et sexentorum (3,600), *Nerus* sexentorum (600), *Sossus*
« annorum sexaginta (60) spatium complectitur. *Sarorum*
« autem centum et viginti, decem regum ætate, hoc est, my-
« riadum quadraginta trium et duorum millium annorum
« collegit summam (432,000)... hæc Polyhistor Alexander Be
« rosum secutus primò refert. Secundò verò decem Chaldæo-
« rum reges, regnique singulorum tempus *Saros* viginti supra
« centum, id est, annorum myriadas quadraginta tres , ad-
« junctis duobus millibus ad diluvium usque recenset. Idem
« enim Alexander, Chaldæorum monumentis eruditus, à
« novo rege Ardate ad decimum Xisuthrum, etc. » (Syncelle.
p. 17, 30, édit. de 1652.)

Voilà à peu près tout ce que l'histoire nous a transmis
au sujet des sciences chaldéennes; c'est bien peu de chose,
mais cela suffit pour prouver que les Indiens sont les héri-
tiers[1] immédiats de l'astronomie de cet ancien peuple. En

[1] Ammien Marcellin (l. XXIII) dit que les Mages ont été instruits par les
Brammes, c'est encore mieux; voici ses paroles : « Deinde Hystaspes rex pru-
« dentissimus, Darii pater, qui cùm superioris Indiæ secreta fidentiùs pene-
« traret, ad nemorosam quamdam venerat solitudinem, cujus tranquillis silentii
« præcelsa Brackmanorum ingenia potiuntur : eorumque monitu rationes mun-
« dani motûs et syderum, purosque sacrorum ritus quantùm colligere potuit
« eruditus, ex his quæ didicit aliqua sensibus Magorum infudit. »

Alors les monuments de Persépolis et tous ceux qu'on attribue à Hystaspe
peuvent être expliqués par la religion, l'astronomie et l'astrologie des Indiens,
s'ils présentent un caractère astrologique ou religieux.

effet, toute cette science est exactement celle qu'on retrouve dans l'Inde actuellement.

1° Parmi les Brammes il y a une caste spéciale de Brammes, qui s'occupe, exclusivement à toute autre chose, de l'astronomie et de l'astrologie, ainsi que de la philosophie. La science même ne sort point de cette caste; elle passe comme en héritage; le père instruit son fils, ou le fait instruire par les plus habiles de sa caste. Ces Brammes s'appellent *Doïbogghyos*. Ils ont plusieurs académies à Cassi, Nodyah, Bordwan et dans tout l'Indostan. Ceux qui font les almanachs sont ordinairement les plus distingués dans l'astronomie théorique et pratique qui leur vient de l'antiquité, et qui se trouve-résumée dans le *Shoúrdjyo Shiddhanto*.

On sait que tout Bramme est prêtre, et entièrement séparé du peuple pour les usages et la manière de vivre.

2° Ces Brammes font des horoscopes, comme les Chaldéens, en consultant les planètes, la Lune et le Soleil, auxquels ils donnent aussi les noms d'*Arès*, d'*Aphrodite*, d'*Hermès*, de *Zeus*, etc. Ils prédisent l'avenir en suivant ponctuellement les règles de leurs anciens livres astrologiques, et ils sont de vrais Chaldéens pour tout ce qui regarde l'astrologie judiciaire et les augures. Je l'ai assez montré dans les chapitres précédents.

3° Les Koroños *bobo*, *balobo*, *köoulobo*, *toïtilo*, *goro*, *boñidjo*, *bishti*, *shokouni*, *tchotoushpodo*, *nago* et *kintoughno* se partagent l'année de trois cent soixante jours, ou plutôt le zodiaque tout entier, de manière que de douze jours en douze jours il y a un changement dans leur ordre; le zodiaque est divisé en trente parties de douze degrés chacune; une étoile imaginaire, dite Koroño, est fixée pour toute l'année à chacun de ces douzièmes. Quinze Koroños observent les actions des hommes, tandis que quinze autres sont sous terre, dans le royaume aquatique des hommes à corps de poisson, de serpent et de tortue.

Ces étoiles se succèdent au-dessus et au-dessous de la terre de douze jours en douze jours. Diodore de Sicile a pu se tromper en disant que c'est de dix jours en dix jours; mais cette partie de l'astrologie des Chaldéens est bien ce que je viens d'expliquer, suivant un tableau que j'ai de ces présidences de Koroños, fait par un *doïboggyo* de Bordowan.

Les Koroños se succèdent encore journellement dans le zodiaque suivant d'autres règles; j'en ai parlé, je crois, dans les chapitres précédents. Colebrooke en dit aussi un mot [1].

Le mot *koroño* (करण), qui signifie *action*, *acte*, *écrit*, *annotation*, convient bien au sens donné à l'office des trente étoiles par les Chaldéens.

On peut supposer encore que ces observateurs des actions des hommes, qui se suivent de dix degrés en dix degrés dans le zodiaque, et montent sur l'horizon ou en descendent de dix jours en dix jours, sont les Drekanos, qu'on trouve dans l'astrologie indienne depuis bien des siècles. Les mots *drekan* et *dekhan* peuvent venir du sanscrit, de *drik*, दृक्, *œil*, *observation*, *regard*, etc. et de *dekhano*, देखान, *celui qui indique*, *qui observe* ou *regarde ce qui se passe*.

Je n'ai pas parlé de cette manière simple de diviser le zodiaque en trente-six parties, et de les faire présider par les planètes, le Soleil et la Lune, qui prennent le nom de *drekano*[2], parce que cet usage astrologique est moins usité que celui des Koroños. Colebrooke, d'ailleurs, a fait un article sur ce mode, en traduisant ce qu'en dit Voraho Mihiro dans son *Vrihot djatok*.

Ne serait-ce pas aux Indiens et aux Chaldéens que Manilius ferait allusion par le mot *gentes*, dans ces vers :

> Quam partem decimam dixere *decānia* gentes
> A numero nomen positum est, quòd partibus astra
> Condita tricenis triplici sub sorte feruntur,
> Et tribuunt denas in se coëuntibus astris,
> Inque vicem ternis habitantur singula signis.
>
> Lib. IV, v. 296-300.

L'interprétation donnée par Manilius du mot *decania*, d'après la position des décans dans le zodiaque, n'est peut-être pas aussi bonne que celle que j'en donne ci-dessus. Saumaise ne veut pas faire venir ce mot de δεκα, parce que Manilius fait *a* long dans son vers. Huet n'y voit pas d'obstacle, parce qu'il est possible que cette voyelle *a* fût longue suivant la mauvaise prononciation et le mauvais langage des Grecs d'Alexandrie, qui ont dû, d'après lui, forger ce mot.

Ces difficultés grammaticales disparaissent, si l'on fait venir *decania* de *dekhania*, puisque dans ce mot indien *a* est très-long.

4° Les Indiens disent, comme les Chaldéens, que douze Debtas président aux douze mois et aux douze signes du zodiaque. Ces Debtas reçoivent le Soleil, la Lune et les planètes à leur passage dans leur station.

Chaque planète a bien sa période particulière de mouvement moyen pendant une période de 4,320,000 ans solaires, et ces périodes sont différentes pour la vitesse et le temps. Si Moyo n'a pas composé ces périodes d'après ses observations, ainsi que la chronologie qui s'y rapporte, il

est possible qu'il ait été instruit par un Mage qui lui aura
communiqué ses connaissances chaldéennes. Moyo lui-même
était peut-être un Mage; son nom *Moyo*, *Majo*, *Madjo*, selon
qu'on prononce la lettre य, dans मय, ressemble beaucoup
au mot *mage*.

5° Ce sont 28 constellations qui dominent sur les vivants
et les morts, chez les Indiens. Ces constellations qui voient
tout seront les accusateurs ou au moins les témoins irrécu-
sables des actions des hommes, devant Yoma et sa sœur, qui
jugent tous les morts et les envoient au Ciel (*shyrgo*) ou
aux Enfers (*naroko*), suivant la quantité relative du bien et
du mal de chacun. Ces 24 divisions chaldéennes sont peut-
être aussi les 24 divisions stellaires de l'année en 12 mois
noirs et en 12 mois blancs. On peut choisir.

6° La lune est placée au-dessous de toutes les étoiles et
de toutes les planètes, parce qu'on a observé que sa révolution se fait dans le moins de temps. La distance relative
du soleil, des planètes et des étoiles n'est même estimée
que d'après leur propre vitesse apparente. Si les Grecs n'a-
vaient pas combattu les idées des Chaldéens, au sujet de la
cause des éclipses et de la lumière de la lune, Diodore n'aurait pas dit, à l'honneur des Grecs, que ces Chaldéens convenaient de la théorie et des explications des Grecs à cet
égard. Les Chaldéens devaient attribuer les éclipses à Rahou,
et la lumière de la lune à un Debta conducteur qui l'aug-
mente et la diminue à volonté, comme si c'était une torche.

Les Indiens sont encore bien plus sûrs dans les prédictions d'éclipses de lune que dans celles du soleil. Leur théorie, pour ces dernières, est très-peu avancée; car il ne suffit pas de savoir qu'il y a éclipse de soleil, il faut encore
calculer la grandeur de l'éclipse pour tel ou tel lieu dont

on ne connaît qu'approximativement la longitude et la latitude. Une éclipse de lune est visible partout où l'on voit la lune; il n'en est pas de même d'une éclipse de soleil.

7° La terre est, suivant certains Brammes, le mont Merou, porté sur une feuille de lotus ou un bateau plat qui nage sur l'Océan; sous ce bateau il y a une tortue immense, qui le soutient sur son dos; mais il y a un serpent à deux ou trois têtes entre la tortue et le bateau, comme je l'ai dit ailleurs. C'est avec ces belles suppositions qu'on explique les tremblements de terre. La mer souterraine n'est peuplée que d'hommes extraordinaires, qui sont moitié poisson, ou moitié serpent, ou moitié tortue. Le Soleil et tous les corps célestes les visitent en tournant autour de la base du mont Merou, qui s'élève sur la terre comme le pic de Ténériffe au milieu de l'Océan.

8° Les prêtres chaldéens disaient qu'ils avaient des observations astronomiques qui remontaient à 473,000 années avant le passage d'Alexandre en Asie. Il est très-probable, en effet, qu'ils eussent des observations gravées sur des briques remontant à ce temps-là; je dis des observations historiques et superstitieuses; mais il faut, pour entendre cela, faire subir à ce nombre exorbitant, *comme bien des nombres de chronologie* chez les Indiens leurs successeurs, la division par 360, et l'on aura à peu près 1314 années d'observations portées dans les chroniques des Chaldéens, vers l'an 324 avant J. C. Ces observations grossières des éclipses du soleil et de la lune, des comètes et de tous les phénomènes célestes qui étonnent et épouvantent, ont bien été faites aussi par les Romains. Tite-Live met tous ces signes parmi les prodiges : cela ne peut servir à la science, et ne prouve que l'ignorance et la superstition des observateurs.

On peut encore soupçonner Moyo d'avoir voulu rappeler le nombre brut des années d'observations chaldéennes, mal rapportées par Diodore; de l'avoir pris pour des années divines, et de l'avoir mal interprété en disant que les corps célestes n'ont été formés, fixés ou mis en mouvement qu'après 47,400 années divines, qu'il déduit de ses périodes chronologiques sans qu'on puisse s'en rendre raison.

9° On reconnaît les périodes de précession équinoxiale de 60 ans pour 54′ à raison de 54″ par an; de 600 révolutions complètes pour 4,320,000 ans, à raison de 54″ d'oscillation par an sur 27° de l'écliptique à droite et 27° à gauche du ♈; et de 3,600 ans pour le parcours de deux fois 27° ou une demi-révolution, en prenant δ du Bélier comme point de retour dans Krittika.

Cela est conforme au sentiment des Grecs, qui avaient appris des Chaldéens, sans aucun doute, que ces périodes dites *Saros*, *Neros* et *Sossos*, représentaient les mouvements de l'équinoxe sur l'écliptique. Le savant Eusèbe, dit le Syncelle (p. 35), n'ignorait pas cette explication. « Vir ille, dica, « qui Græcorum sententiam, plura secula, annorumque « portentosas myriadas ex fabulosa zodiaci per partes adver- « sas in idem signum conversione, ab Arietis, inquam, ter- « mino, ad eamdem metam revolutione jam à mundi nata- « libus præteriisse asserentem probè dignosceret? »

La période chaldéenne de 432,000 ans est exactement l'âge du Koli-youg, dans lequel nous nous trouvons. Brommo a fait naître, au commencement de la dernière création, dix rois appelés Prodjapotis, qui l'ont aidé à former toutes les créatures. Ces divins personnages s'appellent Morîtchi, Otri, Onghira, Pouloshtyo, Pouloho, Krotou, Protcheta, Voshishto, Bhrigou et Narodo. (Monou, chap. I. v. 35.) Ils doivent régner sur toutes les créatures jusqu'à la fin des temps, car ils sont les symboles de la *Moralité*, de la *Fraude*, de la *Charité*, de la *Patience*, de l'*Orgueil*, de la *Piété*, du *Génie*, de l'*Émulation*, de l'*Humilité* et de la *Raison*.

Ce sont ces rois, bien certainement, que l'érudit Alexandre Polyhistor, qui vivait en l'an 85 de notre ère, dit avoir régné ou devoir régner un certain nombre d'années, dont la somme fait 432,000 ou peut-être 4,320,000,000, qui est le Kolpo et la durée d'un jour de Brommo ou d'une création.

Pline (liv. VII, c. 56) dit : « Epigenes, apud Babylonios « DCCXX annorum observationes siderum coctilibus later- « culis inscriptas docet, gravis autor imprimis : qui minimum, « Berosus et Critodemus, CCCCXC annorum. » Ce passage a exercé plusieurs savants; mais il semble que le texte, quant aux chiffres, est corrompu. Pline fait dire à Bérose 490 ou 480, et Diodore 473,000, pour marquer la durée des observations chaldéennes; je crois que c'est 47,400, qui se trouve dans Moyo. Ce nombre doit être changé en 17,064,000 années humaines; car les premiers Chaldéens devaient être des *dieux*, en l'an 345 de notre ère.

Ceux qui ont voulu expliquer ce passage obscur de Pline, ont pris beaucoup de liberté au sujet des chiffres; cependant je ne crois pas que leurs explications soient supérieures à celles qu'on en donne d'après les Brammes successeurs des *Bracmanes* et *Gymnosophistes* orientaux, contemporains des Mages, et très-probablement venus de la Chaldée avec la science, les usages, les superstitions, l'idolâtrie et les traditions des Chaldéens et des Babyloniens.

L'idolâtrie des Chaldéens est vraisemblablement la mère de celle des Grecs et des Romains, et la sœur de celle qui règne chez les Indiens de nos jours, que prêchent les Pourañas, que célèbrent les Vedas et tous les hymnes (*songhitas*) religieux.

Les Brammes *pouròhit* (officiants) font entendre, dans certaines pagodes, devant quelques idoles principales, les louanges des éléments[1]. Cela se faisait aussi à Babylone, sans aucun doute; car il est évident que les trois enfants jetés dans la fournaise par les ordres de Nabuchodonosor, parce qu'ils avaient méprisé les idoles et l'idolâtrie des Chaldéens, chantèrent leur profession de foi au sujet de chacune des créatures qui, personnifiée, recevait un culte particulier.

Les Brammes disent : « Adoration à l'ensemble des créatures qui forment l'univers, Brommae nomoh! adoration aux esprits, Doïbtae nomoh! adoration au ciel, Indroe nomoh! adoration aux eaux du ciel, Vorounoe nomoh! adoration à toutes les puissances célestes, Debashoe nomoh! adoration au soleil, Shoûrdjyoe nomoh! adoration à la lune, Tchondroe nomoh! adoration aux étoiles, Nokhyottroe nomoh! adoration au feu, Ognî nomoh! etc. » Les enfants disaient[2] : « Benedicite omnia opera Domini Do-«mino; laudate et superexaltate eum in sæcula. Benedi-«cite Angeli Domini Domino; benedicite cœli, Domino; «benedicite aquæ omnes, quæ super cœlos sunt, Domino; «benedicite omnes virtutes Domini Domino; benedicite «sol et luna Domino; benedicite stellæ cœli Domino; bene-«dicite ignis et æstus Domino, etc. Notum sit tibi, rex, «quia *deos tuos* non colimus. »

[1] Voyez les hymnes panthéistes du *Rig-Veda*, traduits en latin par F. Rosen, et en anglais par M. Stevenson; l'*Oupnek'hat* d'Anquetil Duperron : plusieurs ont des refrains d'invocation, de louanges et d'adoration qui ressemblent à celui du CXXXV[e] psaume de David et au *laudate et superexaltate* du cantique de Daniel.

[2] *Dan.* III, 57, 58, 59, 60, 88.

CHAPITRE XVI.

DE L'ASTRONOMIE DES ÉGYPTIENS ET DE LEUR CHRONOLOGIE.

Manilius place le berceau de l'astronomie et de l'astrologie aux bords de l'Euphrate et du Nil, au milieu des nations «quas secat Euphrates, in quas et Nilus inundat[1]. » Strabon[2] dit aussi que c'est de la Chaldée et de l'Égypte que l'astronomie est venue dans la Grèce[3] du temps d'Eudoxe et de Platon. «Etenim Eudoxus cum Platone eò (in « Ægyptum) profectus est, et ambo cum sacerdotibus annos « tredecim sunt versati, ut nonnulli tradiderunt. Isti sacer- « dotes cùm rerum cælestium scientia præstarent, cæte- « rùm arcanam eam servarent, neque cum quoquam com- « municare vellent; tamen, et tempore et obsequio devicti, « nonnulla præcepta enarraverunt, cùm plurima interim « barbaris occultarent. Ii excurrentes diei ac noctis parti- « culas supra 365 dies ad anni complementum, tradiderunt. « Ignorabatur annus eo tempore apud Græcos, quemadmo- « dum et alia permulta, donec juniores astrologi ab iis ea « acceperunt, qui sacerdotum monumenta in linguam Græ- « cam transtulerunt, et adhuc tum ab illis, tum à Chaldæis « accipiunt. »

[1] Liv. I, 42.
[2] Liv. XVII.
[3] A l'égard du pôle, du cadran solaire et de la division du jour en douze parties, les Grecs, dit Hérodote dans *Euterpe*, les tiennent des Babyloniens.

Mais Lucien, dans son traité d'astrologie, place les Éthiopiens avant les Égyptiens dans l'ordre des nations instruites par la Philosophie, qui dit : « Je me suis transportée chez les Indiens, que j'ai persuadés de descendre de leurs éléphants pour converser avec moi. De là je suis allée chez les Éthiopiens. Je suis ensuite descendue en Égypte, où j'ai instruit les prêtres et les prophètes des choses divines. »

On voit, dans le même traité d'astrologie, ces autres paroles : « Les Éthiopiens sont les premiers, dit-on, qui ont inventé l'astronomie, à cause que leur ciel est sans nuages, et qu'ils n'éprouvent pas comme nous les changements des saisons, outre que c'est une nation fort subtile, et qui surpasse toutes les autres en esprit et en savoir. Après avoir donc remarqué les phases de la lune, ils en voulurent rechercher la cause, et ils trouvèrent que cela venait des différents aspects du soleil dont elle emprunte la lumière. Ils étudièrent ensuite le cours et la nature des autres planètes, et leur donnèrent des noms, non-seulement pour les discerner, mais pour marquer leurs diverses influences. Enfin, les Égyptiens ont cultivé cette science, etc. »

Ainsi l'astronomie des Égyptiens viendrait de l'Éthiopie ; mais d'où viennent les Éthiopiens ? Eusèbe, au n° CCCCII de sa *Chronique*, rapporte, d'après les anciennes traditions, *qu'ils sont une colonie d'Indiens.* « Æthiopes ab Indo flumine consurgentes juxta Ægyptum consederunt. » Le docte Vivès embrasse cette opinion ; car, dit-il[1], « Accolæ Indi fluvii « maxima et validissima manu in Æthiopiam narrantur[2] mi- « grasse, ibique juxta Nilum sedes habuisse : eamque regionem

---

[1] S. Aug. *de Civit. Dei*, lib. XIV, cap. 18.

[2] Le Syncelle rapporte ce fait dans sa *Chronologie*, p. 53, n° 120 D. Αἰθίοπες ἀπὸ Ἰνδοῦ ποταμοῦ ἀναστάντες πρὸς Αἴγυπτω ᾤκησαν.

« etiam Indiam vocatam, et sapientes philosophatos nudos,
« utrobique dictos *hermanos*, et à Græcis γυμνωσοφισ7ὰς, illud-
« que de subligaculis promiscuum esse in India Æthiopiaque
« sapientum, et ferè vulgi. Diodorus libro quarto de mori-
« bus Æthiopum loquens alios perhibet nudos prorsùm in-
« cedere, alios vulpinis caudis pudenda tegere, alios subli-
« gaculis ex capillis contextis : et Strabo ex Nicolao Dama-
« scæno octo servos Indos à legatis illius gentis dono datos
« Cæsari Augusto scribit, nudos toto corpore præter virilia,
« quæ subligaculis velabant. »

Les Shonnyashis et tous les Dontis (religieux, pénitents
publics qui ont le bâton de pèlerin, Brammes mendiants),
sont encore, chez les Indiens, dans l'usage de s'habiller
aussi simplement, pour ne pas dire aussi indécemment que
leurs ancêtres, qui allèrent former une colonie de philosophes civilisateurs dans l'Éthiopie et dans l'Égypte.

Cependant je ne pense pas qu'il faille faire venir absolument des bords de l'Indus les premiers Éthiopiens pour satisfaire aux anciennes traditions; il suffit qu'ils soient partis du
golfe Persique, et qu'ils soient arrivés en Éthiopie par la mer
qui conduit aux Indes, pour qu'on les ait appelés Indiens;
ce pouvait être une famille de Chaldéens de Babylone
qui allaient là pour s'établir, dans le temps que d'autres
Chaldéens se rendaient vers l'est, au bord de l'Indus et du
Gange, où ils ont porté les mêmes connaissances astronomiques et astrologiques. Il est assez curieux de voir que les
mœurs de ces premiers Éthiopiens ressemblent parfaitement
à celles des Brammes. On doit leur supposer une origine
commune; et d'après les traditions des Indes, qui font
venir les Brammes de l'ouest, elle ne peut être mieux placée qu'à Babylone, dans la Chaldée, entre le Nil et l'Indus.

On sait que les familles de Brammes et de Voïshyas, qui sont distinguées des autres par le nom de *Goupto*, sont très-nombreuses, et qu'un des premiers et des plus savants astronomes indiens s'appelle Brommo Gopto; ce nom ressemble beaucoup au mot *Copte*, qui désigne quelques anciens Égyptiens que l'on s'accorde à reconnaître dans la nation copte. Il est très-probable que ces Coptes sont les vrais descendants des premiers sages qui arrivèrent dans l'Éthiopie, descendirent peu à peu le long du Nil, bâtirent Coptos, et civilisèrent les peuples indigènes avec leurs rois pasteurs, en conservant toujours le nom de famille qu'ils avaient dans leur pays natal. Du mot *goupto, γυπτο, οἱ γυπτοι, à αἴγυπτος* et à *κοπτος*, qui en est une corruption, il n'y a pas loin.

Diodore, en fidèle historien, nous rapporte ce que disaient, sur cette question de priorité dans les sciences astronomiques, les prêtres de Memphis. D'après eux, l'Égypte les avait vus naître sur son sol fertile, dans son climat heureux et toujours serein. Mais l'histoire qu'ils fabriquaient, pour ne pas donner aux Indiens et aux Babyloniens l'honneur de l'invention de ces belles découvertes de l'esprit humain, dans l'hypothèse que ces connaissances n'aient pas été communiquées en abrégé avec la langue au premier des hommes par son Créateur; cette histoire, dis-je, nous en apprend assez pour faire venir des bords de l'Euphrate en Égypte, Osiris et l'astronomie.

En effet, Osiris ne naît pas en Égypte, mais à l'est de la mer Rouge, à Nysa. C'est de là qu'il amène la première peuplade qui le seconde dans la civilisation des peuples laborieux et pasteurs des bords du Nil. Osiris est en rapport avec les peuplades de Babylone et même des Indes. Ce sont évidemment des familles ou des caravanes parties depuis peu du même lieu, qui se font connaître le résultat de leurs courses vagabondes. Mais la jalousie ne devait pas tarder à troubler les bons rapports de ces familles, et la guerre entre elles devait éclater; car comment le plus fort n'aurait-il pas voulu avoir sous sa domination les pays les plus riches et les plus vantés? Osiris porte donc la guerre dans l'Inde qu'il veut soumettre. Il traverse pour cela l'Arabie; on ne parle pas de la Chaldée qu'il fallait d'abord attaquer et soumettre, si ce pays n'avait pas été le sien. Il parcourt l'Inde en vainqueur, et bâtit un grand nombre de villes, et entre autres Nysa [1], en souvenir de sa naissance dans une ville de même nom, et il érige un grand nombre de monuments; de sorte que les Indiens, dans la suite des temps, disent les prêtres égyptiens, soutenaient, à cause de ces constructions, qu'Osiris était originaire de leur pays.

Sémiramis, femme de Ninus, reine d'Assyrie et de Babylone, maîtresse de l'Égypte et de l'Éthiopie, porta aussi ses armes à travers l'Asie, jusqu'aux frontières de l'empire déjà fameux des Indiens; elle convoitait leurs richesses et était jalouse de leur puissance. C'étaient les motifs de la guerre qu'elle commença contre eux et ne put achever. Ninus, avant elle, avait fait la conquête de l'Éthiopie et de l'Égypte. Ainsi Ninus, comme Osiris, met l'Égypte en communication avec les savants chaldéens qui observaient les astres à Babylone, du haut du temple dédié à Bélus.

---

[1] Arrien dit dans le livre V, ch. I de son Histoire : « Entre le Cophès et l'Indus se présente la ville de Nysa, fondée, dit-on, par Bacchus, vainqueur de l'Inde. Quel est ce Bacchus, et quand a-t-il porté la guerre dans l'Inde? Était-il venu de Thèbes ou de Tmole (en Lydie)? Obligé de traverser les nations les plus belliqueuses alors inconnues aux Grecs, comment n'a-t-il soumis que les Indiens? » Hérodote (liv. II) attribue à Sésostris plusieurs expéditions semblables à celles d'Osiris rapportées par Diodore.

Mais les prêtres égyptiens ne se gênent pas pour faire partir de leur pays et Bélus lui-même, et les premiers habitants de Babylone. C'est à l'imitation des colléges d'astronomes que Bélus avait vus en Égypte, que ce chef de nation institue à Babylone, aux frais de l'État, un corps de savants qui s'occupera de l'observation des astres et de tout ce qui concerne l'astronomie. Les Babyloniens désignent ce corps sous le nom de *Chaldéens*.

De toutes ces prétentions il résulte que l'astronomie des Égyptiens et des Chaldéens était la même. Il est clair aussi que les nations placées à l'est et à l'ouest de l'Euphrate, que les Indiens et les Égyptiens, avaient des rapports suffisants pour se communiquer leurs connaissances, les comparer et en reconnaître l'identité; laquelle venait évidemment de ce qu'elles étaient parties les unes et les autres de la Chaldée, avec les chefs qui avaient civilisé ces deux peuples. La Chaldée, malgré la dispersion primitive de ses habitants et la confusion qu'elle avait vue dans sa langue, avait conservé le dépôt des sciences, peut-être antédiluviennes, l'avait augmenté par ses observations, et s'était mérité l'honneur d'envoyer dans la suite aux peuplades qui s'en étaient séparées, et qui étaient en rapport avec elle, comme sont les colonies à l'égard de leur métropole, des savants de toute sorte, des législateurs et des guerriers, pour les protéger, leur bâtir des villes, des maisons plus commodes, des temples, et les civiliser.

Voici les principaux passages de Diodore[1] auxquels j'ai fait allusion dans ce qui précède.

« Cæterùm vetustissimos in Ægypto mortales mundum
« supra se contemplatos, et non sine stupore demiratos uni-

[1] Diod. lib. I et II.

« versi naturam, *duos* esse Deos existimasse, æternos et
« primos, Solem quippe et Lunam, quorum istum Osirim,
« hanc Isim appellarint. Solemque in Ægypto regnasse pri-
« mum eodem astri cœlestis nomine insignem, narratur. »

Les Indiens disent aussi que le Soleil a régné dans l'Inde
avant la Lune, et ils comptent deux dynasties principales
d'anciens rois, la dynastie solaire et la dynastie lunaire.
Les rois Pandous descendent de la Lune.

« (Hermes) Osiridis denique notarius erat sacrorum, cum
« quo is omnia communicabat, et cujus maximè consilio
« utebatur.

« (Osiris) per Arabiam, secus Rubrum mare, ad Indos
« usque et orbis inhabitabilis fines perrexit. Nec paucas
« Indis urbes condidit, è quibus unam vocabit Nysam. Multa
« insuper alia sui in terras illas adventus signa reliquit;
« quibus Indi posteriores inducti, controversiam movent
« super hoc Deo, et natione Indum esse contendunt. »

Osiris était le chef de la colonie des Éthiopiens. « Ægy-
« ptios suam quoque coloniam esse affirmant, ab Osiride de-
« ductam. Ad hæc plerasque Ægyptiorum leges Æthiopicas
« esse, quòd coloniæ majorum instituta adhuc servent. Quòd
« enim reges pro diis habeant, et multùm sepulturis studii
« impendant, aliasque id genus ex more agant, id è disci-
« plina Æthiopum traductum esse : à quibus etiam statuarum
« effigies et litterarum formæ sint acceptæ. »

Sémiramis, femme de Ninus, « Universam Ægyptum in-
« vasit; constitutisque Æthiopiæ Ægyptique rebus in Asiam
« cum exercitu Bactra se recepit; et quia magnis instructa
« erat copiis, ac pace diuturna fruebatur, cupido eam præ-
« clari quippiam bello gerendi incessit. Audiens ergo In-
« dorum gentem inter cæteras toto orbe maximam esse,

« et amplissimam, pulcherrimamque obtinere terram, bellum
« Indiæ inferre constituit. »

La chronologie des Égyptiens doit être expliquée, comme
celle des Indiens, par des révolutions du Soleil dans le zo
diaque, à raison de 54″ de précession équinoxiale par an;
par des révolutions de la Lune, du Soleil et des dieux,
placés au nord du globe, sur le sommet du mont Merou,
conformément à la doctrine védique de Monou et de Moyo,
que j'ai exposée dans les chapitres précédents. Cette chro
nologie n'est due qu'à d'antiques combinaisons astrono
miques ou astrologiques. « Ægyptii, dit le Syncelle (p. 17),
« certè de suæ ætatis antiquitate jactantiùs eloquuti, per
« annorum revolutiones et myriades prorogatam quamdam
« seriem *ex astrologicis experimentis* statuerunt. »

Tous les peuples anciens, partis certainement de Babylone[1], témoignent, par leurs chronologies fabuleuses et dis-
cordantes, qu'ils ont confondu des révolutions astrono
miques avec des années véritablement comptées depuis la
création, le déluge ou une autre époque. Cependant la dis-
cordance qui se fait remarquer dans leurs chronologies,
dans l'histoire de leurs premiers rois, dans leurs langues et
dans leurs sciences astronomiques, n'est pas assez grande
pour qu'on ne voie pas qu'ils ont puisé à la même source,
et elle est assez palpable pour qu'on voie que cette source
était troublée. Si la Genèse ne nous avait pas raconté l'histoire de la confusion des langues et du départ de Babel, une
philosophie sage et méditative aurait dû la deviner. Que le
Soleil se soit levé plusieurs fois à l'occident, et que les astres
aient changé la direction de leur cours depuis que les Égyptiens existent, c'est là une tradition indienne, et par consé

____
[1] Voy. Genèse, chap. XI.

quent babylonienne, qui a été mal comprise par les prêtres égyptiens. En effet, d'après les Indiens, le Soleil s'est levé nombre de fois depuis la dernière création et pendant les Monontoros, relativement au premier point d'Aṣhin, le jour de l'équinoxe du printemps, à droite et à gauche de ce point fondamental, c'est-à-dire à l'est et à l'ouest du premier Nokhyottro, par suite du mouvement oscillatoire de la précession.

Les astres dont les révolutions commencent, dans le calcul, au printemps, ont dû aussi partir de l'est et de l'ouest d'Aṣhin comme le Soleil dans sa course annuelle.

Diogène Laërce dit que les Égyptiens comptaient 48,863 ans d'antiquité à l'époque du passage d'Alexandre; que les éclipses du Soleil, pendant ce temps-là, avaient été au nombre de 373, et celles de la Lune au nombre de 832. Cela voulait seulement dire que d'après leurs calculs, fondés sur quelques observations, le nombre des éclipses visibles de Soleil, pendant 48,863 ans, est à celui des éclipses de Lune dans le rapport de 373 à 832; mais non qu'on avait réellement observé ces éclipses pendant 48,863 ans.

Dans une liste d'éclipses que j'ai calculées en 1836, pour le Bengale, j'ai trouvé qu'il doit y avoir 101 éclipses visibles de Lune, et 61 éclipses visibles de Soleil, de 1840 à 1940; mais on doit compter seulement 50 éclipses vraiment visibles de Soleil, et 97 de Lune, car 11 des premières, et 4 des secondes sont presque invisibles d'après le calcul. Or combien les Égyptiens auraient-ils pu voir d'éclipses de Soleil et de Lune pendant 48,863 ans, d'après les recherches mathématiques précitées? 24,431 et 47,397. Il faut donc interpréter autrement ce que dit Diogène, ou le renvoyer parmi les fables.

CHAPITRE XVII.

DU DUALISME, DU TRITHÉISME, DU TÉTRATHÉISME ET DU POLYTHÉISME CHEZ LES ORIENTAUX ; DE MITHRA, DE BOUDDHA, ET DE LA COMMUNICATION DES MYSTÈRES CHRÉTIENS PAR DES CHRÉTIENS OU DES JUIFS RÉPANDUS DANS L'INDE ET DANS LA CHINE ; DU PANTHÉISME DES SAVANTS ACTUELS DE L'INDE.

Les peuples ne sont pas passés immédiatement au polythéisme indéfini, quand ils ont abandonné et renié le culte du vrai Dieu. On voit dans les anciens livres sanscrits et zends que le dualisme est la première idolâtrie; que du dualisme est sorti le trithéisme, puis le tétrathéisme, et enfin le polythéisme, qui règne maintenant dans l'Orient.

Comme c'est l'astronomie ou l'observation des astres qui a engendré l'idolâtrie primitive., qui se trouve peinte dans une foule de monuments que j'expliquerai dans le chapitre suivant, il est bon de dire un mot sur les principaux systèmes de l'idolâtrie en question ; sans cela il faudrait renoncer à me faire comprendre en parlant d'Osiris, d'Isis, d'Horus, de Typhon, etc.

Le dualisme pur est le système religieux qui attribue à deux êtres opposés le bien et le mal, le blanc et le noir, la lumière et les ténèbres, le plaisir et la douleur. On ne le trouve professé, de nos jours, que par quelques sectateurs de Zoroastre ; mais dans ce système l'Être du bien est l'ensemble de plusieurs êtres célestes qui ont le Soleil pour chef[1]; et l'Être du mal est l'ensemble de plusieurs êtres célestes également, qui marchent à la suite de la Lune, la reine des nuits. Le dieu du mal est Ahrimane, celui du bien est Ormuzd[2].

Le trithéisme est préconisé dans le Zend-Avesta, dans les Védas et dans Monou. Les livres chinois semblent aussi établir l'existence de trois[3] producteurs de toute chose. La doctrine de ces livres est évidemment la même qui a engendré Osiris, Isis et Horus; Ahrimane, Ormuzd et Mithra; Brommo, Vishnou et Shiva, chez les Égyptiens, les Persans et les Indiens. Plusieurs lettrés disent, d'après les livres appelés *Y-king-choàng* (commentaire d'un livre qui est un des cinq canoniques), *Tào-tĕ kīng* et *Tà-choàng*, que les oppositions qui se trouvent en tout produisent un être moyen, qui avec elles forme chaque chose dans la nature; que ces oppositions se réduisent, de part et d'autre, à la raison et à la loi ou à la vertu. La raison produit d'abord *un Être; cet Être* en produit *un double; le double* en produit *un triple;* c'est cet *Être triple* qui produit tout dans l'univers. « Ratio producit unum; unum fecit duo; duo fe- « cerunt tria; tria omnia produxerunt. Oppositiones nihil « aliud sunt quam ratio et virtus, sive regula. » C'est-à-dire que l'Être créateur de toute chose, Ly táo, la raison, la règle, la nature, est le produit lui-même de deux oppositions et leur résultat; de sorte que dans ce système tout est effet réciproque, et qu'il n'y a pas de créateur primitif et de créature véritable. Le mouvement et le repos, la lumière et les

---

[1] Diodore de Sicile, liv. I, chap. II

[2] Zend-Avesta.

[3] Documenta rationis a J. Taberd Episc. Isauropol. p. 85, 86 et 87

ténèbres, le ciel et la terre, le froid et le chaud, le grand
et le petit, le bas et le haut, le vrai et le faux, le mâle et
la femelle, qui s'appellent Yn-yàng, viennent de Ly táo, la
raison ; et la raison se trouve au milieu d'eux essentiellement.
N'est-ce pas l'éternité de la matière? « Doctissimus Licou-ell-
« tchi, » d'après le P. Prémare [1], « considerans literam 易 \
« (titulus et definitio primi libri canonici Y-king dicti) quæ
« in se (ge) Solem et (yue) Lunam continet, ait : Suprema
« ratio figuram non habet, et ideò per ænigmata atque ima
« gines tantùm cognoscitur. Suprema sapientia verbis non
« potest explicari, sed positis variis imaginibus ac symbolis
« de eâ utcumque loqui licet. » Ainsi la Raison suprême et
le titre du plus ancien livre chinois, de celui qui est le fondement et la source de tous les autres, sous le rapport des
croyances antiques, sont représentés par le Soleil et la
Lune réunis dans un symbole.

Cette Raison suprême est un esprit subtil (*Ki*), dit le P.
Régis [2] : il se trouve dans l'opposition du double principe
des choses que les philosophes nomment *Yn* et *Yâng*. *Yn*
est le Soleil, le mouvement, le blanc, la lumière, le ciel,
le mâle, le cheval, etc.; *Yâng* est la Lune, le repos, le
noir, les ténèbres, la terre, la femelle, le bœuf, etc. Ce Ki
s'appuie nécessairement et éternellement sur deux choses
opposées, et réciproquement [3]; il est comme le faîte d'un

---

[1] **Voyez** p. 17 du manuscrit du P. Prémare, à la Bibliothèque royale. Cet
ouvrage systématique et exagéré en bien des endroits porte le titre de *Se-
lecta quædam vestigia præcipuorum Christianæ religionis Dogmatum ex antiquis
Sinarum libris eruta.* Ce Jésuite, très-savant d'ailleurs, a trouvé bon gré mal gré
nos dogmes dans l'Y-king, comme Wilford avait trouvé la Grande-Bretagne et
l'Irlande dans les Pourans indiens.

[2] *Y-king* du P. Régis, édité par M. Mohl, vol. I, p. 5, 69, 71.

[3] *Livres sacrés de l'Orient*, notice du savant évêque Visdelou, p. 171.

toit sur lequel s'appuient les chevrons opposés; c'est à cause de cela qu'on l'appelle le *grand comble*, Taï-ki. Plutarque explique plus clairement la même doctrine, en disant dans son Traité d'Isis, que Mithra est le *milieu* résultant de l'opposition d'Ahrimane et d'Ormuzd[1]; qu'Horus est le fils d'Isis et d'Osiris, de la Lune et du Soleil[2]. C'est à la Raison, à Horus, à Vishṇou, qui s'appelle Hori sous la forme d'un lion, c'est à ce dieu moyen que Zoroastre dit : «Je fais mon adoration à Mithra, qui rend fertiles les terres incultes, qui a mille oreilles, dix mille yeux; j'invoque Mithra qui subsiste toujours, qui existe toujours au ciel, *entre la Lune et le Soleil.*» (*Ieschts sadés*, vol. III, p. 12 et 13.)

Monou, qui résume dans ses Lois la doctrine des Védas, semble la faire dériver de la doctrine pure des Chrétiens au sujet de la Trinité. On dirait même qu'il a voulu concilier la théogonie de la Bible avec son polythéisme, dont le trithéisme est la plus complète expression, et qu'il a connu une traduction latine de la Genèse.

En effet Moïse dit (Gen. 1, 2) : «Terra autem erat inanis et vacua, et tenebræ erant super faciem abyssi.» Monou dit (chap. 1, v. 5) : «L'univers était dans les ténèbres, imperceptible, insaisissable, indécouvert par la révélation, indécouvrable par la raison, et comme plongé dans un sommeil éternel.» C'est bien là une imitation.

---

[1] «Zoroastres melioris (principii) nomen *Oromazen,* pejoris *Arimazen* perhibuit : addiditque hoc enuntiatum, de rebus sub sensum cadentibus, illum maximè similem esse luci, hunc tenebris et ignorationi; medium horum esse *Mitram :* quæ causa est, quòd *Mitram* Persæ *Mesiten,* id est mediatorem seu intermedium nuncupant.»

[2] «Apollo (Orus) ex Iside et Osiride adhuc in utero Reæ versantibus dicitur natus.»

Moïse dit[1] : Dieu créa le ciel et la terre dans le *principe ;* *l'Esprit de Dieu était porté sur les eaux ;* l'homme fut créé *mâle et femelle ;* la femme, Vira, Virago, Virissa, fut formée avec une portion d'Adam, et d'Ève ou Virago sort toute l'humanité.

Monou dit : L'Être nécessaire, *celui qui existe par lui-même, Ens à se,* Shoyombhouvo (liv. I, v. 3, 6), existe seul dans l'éternité, quand, par un acte de sa volonté, il se manifeste sous la forme de l'eau, *Opo, Nara* (v. 8, 10). Il dépose dans cette eau *le principe ou la raison de toute créature, Vidjoh* (v. 8). Ce *Vidjoh* n'est pas créé, pas plus que l'eau, car c'est une expansion de l'essence (*Shorir*) de Shoyombhouvo. Ce *Vidjoh* est bien celui *per quem omnia facta sunt,* le *principium* ou le λοyος chrétien. Sur l'eau paraît reposer *l'esprit* de Shôyoumbhouvo, et il s'appelle, dans cette forme, *qui fertur super aquas,* Narayoño (v. 10).

Shoyombhouvo, Vidjoh et *Narayoño* ne sont pas trois Dieux, mais le même *Ens à se,* considéré sous les trois rapports de *création,* de *développement* et de *fécondation.* Monou dit que l'eau est appelée *Nara* parce qu'elle est la production de l'*Esprit divin,* qui s'appelle *Noro; Narayoño,* d'après cette explication, peut se traduire par *Spiritus incubans.* Le principe de toute chose est représenté comme un œuf immense et lumineux, *Oñda;* mais l'eau et l'œuf ne sont qu'une explication figurée des mots *spiritus* et *principium.* Je ne puis croire que Monou ait eu l'idée de donner pour cause unique de la nature (Brommo) le principe chrétien ou l'Être nécessaire, et en même temps les principes créateurs de quelques anciens philosophes grecs, l'*eau* et l'*œuf.*

Le ciel, la terre et toutes les créatures spirituelles et corporelles sont créées, avant l'homme, par la vertu de

---

[1] Gen. I, 1, 2, 27; II, 23; III, 20.

Vidjoh cachée en Brommo. Brommo ne crée pas tous les hommes à la fois; il n'en crée d'abord qu'un, qui par sa nature mâle et femelle représente toute l'humanité; c'est *Virajo*, d'où vient Monou et toutes les créations secondaires. Quant à lui, il représente toute création ou réalisation de créature (*pourousho*) par son énergie créatrice en activité; il est la grande personnification de la nature.

Virajo[1], *Vira*, cet être mal compris par les commentateurs de Monou, est une *homesse*, source de vie, d'où (v. 32, 33), comme d'Ève, descend ensuite tout le genre humain. Ne dirait-on pas que Monou a copié le mot *virago* ou *vira* d'une traduction latine de la Genèse, et a voulu rendre le sens de ces mots : « Creavit Deus hominem ad imaginem suam... « Masculum et feminam creavit eos? »

Que Monou ait pu connaître la doctrine de Manès, une traduction latine de la Genèse par Térébinthe, ou la version latine dite *Itala*, cela ne me surprendrait pas. Dans ce cas on s'expliquerait la citation des Tchinas, qui tirent leur nom d'une famille qui commença à régner à la Chine 249 avant J. C.; des Yavanas, qui vinrent aux Indes du temps d'Alexandre; et enfin du roi Yavana, qui perdit vers l'an 300 de J. C. son royaume de Canouj[2].

Cependant on est libre de le faire parler de la création presque comme Moïse, treize cents ans avant J. C. suivant les *présomptions* des orientalistes Sir Jones et Chézy.

Credat Judæus Apella, non ego.

---

[1] Ce mot se retrouve dans quelques *Ouponishods*; mais ces traités philosophiques qui parlent de l'origine des quatre castes, de Vishnou et de Shiva, sont évidemment postérieurs à Monou.

[2] Voyez Monou, X, 44; VII, 41. Tables de J. Prinsep, tab. XXIX. *Documenta rationis*, p. IX.

Ces principes de théogonie traditionnelle n'empêchent pas Monou de professer le trithéisme et le polythéisme védiques. Il recommande[1] spécialement la récitation quotidienne de l'invocation mithriaque connue sous le nom de *Gaëtri* ou des *trois Gâhs*, de *Shavitri* ou des *trois strophes au Soleil*.

Le mot mystique *o-ou-m* est composé d'un extrait de chacun des trois Védas Rigo, Yodjou, et Sham; ce sont les lettres finales de leurs noms écrits comme ci-dessus. *O-ou-m* est un vrai rébus fait par Prodjapoti (le chef des créatures) ou Brommo lui-même (liv. I, v. 76). On l'écrit au commencement de chaque livre, on le prononce avant et après le *Gaëtri*. Les Brammes n'écrivent jamais quoi que ce soit, sans placer au commencement du papier l'invocation à la divinité; ils ne font aussi jamais rien sans se mettre sous la protection de quelque idole qui est toujours la personnification de quelque idée. Ainsi le médecin écrit et prononce

ॐ नमो गणेशाय *O-oum nomó Goñeshaëh*, adoration à O-ōu-m (Bramma, Vishñou, Shivo) en *Goñesh* (l'Éléphant)!! Goñesh fait disparaître toutes les difficultés dans les entreprises quelconques, et il est la personnification de la providence divine. L'œil et l'oreille ॐ, qui rappellent un dieu pur-esprit, qui voit et entend tout, sont souvent remplacés par d'autres figures, qui ont le même sens, et surtout par १, la main ou la trompe de Goñesh, *le Provident*. Ces figures se prononcent toujours *o-ou-m* ou *om*, ou ne se prononcent pas du tout : dans ce dernier cas on baisse la tête en faisant entendre un son étouffé qui équivaut à la prononciation du mot *o-ōum*.

---

[1] Liv. II, v. 76, 77, 78.

Ce signe ☽ qui se trouve souvent seul au commencement
des livres sanscrits, est un abrégé mystique du dualisme, et
représente le soleil par un point et la lune par un croissant. La lune et le soleil sont les yeux de Brommo.

Monou rappelle souvent aux Brammes de ne pas ou-
blier le culte de la Nature, de l'Ame du monde, de l'Uni-
vers-dieu. « Que le Bramme, dit-il, réunissant toute son attention, voie, dans l'Ame divine (*atmo*) toutes les choses
visibles et invisibles de la nature, et il ne commettra pas
l'iniquité. L'Ame divine est l'*assemblage des dieux*, l'univers
repose dans cette Ame suprême; c'est cette Ame qui produit la série de tous les actes des êtres animés[1]. »

Brommo est l'Ame de l'univers; Vishñou et Shivo n'en
sont que des émanations. Du temps de Monou le trithéisme
védique, la *terre*, l'*air* et le *ciel* l'emportaient sur le trithéisme de Brommo, Vishñou et Shivo; et cet auteur ne
nomme ces deux dernières divinités qu'une fois (liv. XII,
121), en passant; peut-être aussi cette forme de trithéisme
pouranique n'existait pas encore. Cela est très-probable.

Outre ces explications mystiques on peut dire que ॐ
est un *o* marqué du signe nasal, et que १ est un 7. L'*o* indique le mot sacré *o-ou-m*, qui doit être prononcé du nez
et silencieusement. 7 rappelle les sept Rishis que l'on doit
imiter, ou les sept Bouddhas, qui sont sept incarnations de
la divinité pour les Bouddhistes.

Les Indiens écrivent sur leurs lettres les chiffres 74 1/2
ou ৯৪॥, quand ils ne veulent pas qu'on les lise. Cela remplace le cachet, et aucun porteur ne voudrait s'exposer aux
malédictions annoncées par ces chiffres en violant le secret
de ces lettres simplement pliées. Le crime serait égal à celui

____
[1] Liv. XII, v. 118, 119.

d'un homme qui tuerait sept Brammes et quatre vaches, dont une pleine d'un veau.

Le tétrathéisme est fondé sur le trithéisme même : Osiris, Isis, Horus et Typhon en sont les symboles chez les Égyptiens; Brommo, Vishñou, Shivo et Bhout (le diable) chez les Indiens; le printemps, l'été, l'automne et l'hiver chez les uns et les autres.

Toutes ces manières différentes de considérer l'âme du monde éternel se rapportent, dans les monuments égyptiens, au culte du Soleil et de la Lune, à celui d'Isis, d'Osiris et d'Horus, qui sont la Lune, le Soleil et Mithra.

Mithra vient évidemment du mot sanscrit मित्र *mitro, mittro, mithro* « ami »; c'est la divinité qui préside à l'amitié et à l'amour; c'est Vénus, Mercure, Apollon. Les Assyriens, suivant Hérodote, appelaient Vénus *Mylitta;* les Arabes, *Alita;* les Perses, *Mitra.* Ormusd dit (LXXIII° Ha, p. 242) : « Je suis ennemi du rival de Mithra, qui a introduit l'hiver. » Mithra est dans ce cas la divinité qui préside au solstice d'été; Typhon est au solstice d'hiver, Isis à l'équinoxe d'automne, et Osiris à celui du printemps. « J'invoque (1ᵉʳ Ha, p. 87) et je célèbre le divin Mithra, élevé sur les mondes purs; les astres, peuple excellent et céleste; Taschter, astre brillant et lumineux; la Lune, dépositaire du germe du Taureau; le Soleil éblouissant, coursier vigoureux, l'œil d'Ormusd; Mithra, chef des provinces, etc. »

Vishñou est Mithra chez les Indiens; il tient le milieu entre le créateur Brommo et le destructeur Shivo. On compte dix incarnations (*obotar*) de Vishñou; l'amour et le bien public sont toujours les motifs de ces transformations. *Poisson*, il retrouve dans l'Océan les quatre Védas qui y étaient cachés. *Tortue*, il soutient la montagne avec laquelle Indro agite la mer; sans lui, elle échappait à ce dieu. *Cochon*, il perce la terre avec son groin de part en part, attrape un démon (Oshour) qui la soulevait, le déchire, et sauve ainsi l'univers; de retour de l'enfer (*Patal*), il se livre à tous les plaisirs des sens avec les autres cochons. *Moitié lion et moitié homme*, il détruit le frère du démon infernal précité, qui était venu l'attaquer jusqu'au ciel. *Bramme-nain*, il obtient d'un rajah, qui épouvantait les dieux, de posséder ce qu'il couvrirait de ses deux pieds et de son nombril. Le ciel, la terre et le rajah sont aussitôt atteints par ses deux pieds et son nombril; ensuite le rajah est précipité, *nolens volens*, au fond des enfers. *Homme*, il attaque avec une hachette, il détruit un tyran et toute sa race. *Rama*, il passe à Ceylan (Lanka) sur un pont qu'il construit, tue le tyran de l'île, et délivre son épouse Shîta, que ce monstre lui avait enlevée. *Berger*, sous le nom fameux de Krishño (bleu-noir), il essaie de détruire tous les méchants qui sont dans le monde; mais à la fin, malheureux dans ses amours avec des concubines, au nombre de plus de seize mille, il est tué d'un coup de flèche. *Sous la forme de Bouddha*, il prêche une nouvelle religion, une religion infâme; il parvient à la faire adopter par un pieux roi de Kassi (Bénarès) et tous ses sujets; il les corrompt et les rend si odieux, que Shiva, l'ennemi du roi, parvient facilement à le chasser de Kassi et à s'emparer de son royaume : c'était le but de cette perfide incarnation. Enfin, comme *cavalier*, il doit détruire un jour tous les méchants et ramener l'âge d'or sur la terre.

Les Bouddhistes, qui se sont séparés des principes religieux des Brammes, ont conservé beaucoup de pratiques bramminiques; ils récitent le *Gaëtri* avec le mot *o-ou-m*, en l'interprétant à leur manière. Bouddha est l'Être suprême;

cinq Bouddhas secondaires ont été produits par lui, et chacun d'eux a engendré un Bouddha du troisième ordre; de sorte qu'il y a dans ce système de théogonie une trinité d'êtres divins, qui crée l'univers et les Bouddhas humains.

Depuis que le monde existe, il y a eu sept Bouddhas humains, car les Bouddhas divins ne paraissent pas sur la terre. Le dernier s'appelle Shakya; celui qui viendra dans la suite des temps s'appellera Aryo-Moïtri. *O*, dans *o-ou-m*, est l'énergie mâle de Bouddha, l'Être suprême, le pouvoir générateur; son nom est *Vidjoh. Ou* est l'énergie femelle; *Dhormo projno*, le pouvoir producteur; son nom est aussi *Vidjoh. M* désigne le milieu de l'opposition ou de la réunion des deux *Vidjohs* précités, de leur *Shonghyo;* c'est le troisième *Vidjoh* de l'Être suprême.

Les idées confuses de trinité, d'incarnation, de rédemption par un juste, de la création de l'homme et de tout l'univers par l'Être nécessaire, que l'on trouve dans quelques livres et quelques sectes idolâtres de l'Orient, ne sont dues, suivant mon opinion, qu'à des communications avec des Chrétiens. La prédication de l'Évangile par S. Thomas dans l'Inde, a dû avoir un grand retentissement[1] chez les Brammes, et chez les gymnosophistes, qui ont l'usage de voyager sans cesse en pèlerins, le bâton à sept nœuds à la main. Ces idées peuvent venir encore des rapports des idolâtres avec les Chrétiens dits de S. Thomas, ou avec les Chrétiens de l'Indo-Scythie. Il ne faut pas penser aux traditions primitives; l'idolâtrie avait corrompu presque tout ce qu'elle avait touché. Tout livre donc des idolâtres, sacré ou profane, qui professe, même indirectement, ou mentionne une des doc-

---

[1] « Et quidem in omnem terram exivit sonus eorum (Apostolorum), et in « fines orbis terræ verba eorum. » (*S. Pauli Epist. ad Rom.* x, 18.)

trines précitées, ne remonte pas au delà de notre ère, ou est suspect de corruption ; car les sectes dominantes dans un pays refont quelquefois les livres les plus anciens et les plus sacrés.

Pour attribuer ces connaissances aux rapports des peuples idolâtres avec les Juifs dispersés chez eux à diverses époques, par suite de conquête, de tyrannie, de persécution ou d'intérêt commercial, il faudrait prouver, ce qui n'est pas facile, que les Juifs étaient, avant la venue du Messie, plus communicatifs en fait de religion qu'ils ne le sont maintenant. Les principes généraux de l'astronomie et de l'astrologie, qui sont la base de l'idolâtrie, qui se retrouve à peu près la même chez tous les anciens peuples, remonteraient seuls à l'époque de la séparation babylonienne. La famille d'Abraham, restée en Chaldée, aurait été l'unique qui aurait gardé fidèlement, dans la ville de confusion, le dépôt sacré des saines doctrines et des vraies traditions antédiluviennes, pour le transmettre plus tard au peuple privilégié de qui nous le tenons. Du reste, j'abandonnerai mes opinions sur tout cela, si de savants orientalistes prouvent le contraire, après avoir examiné cette question aussi consciencieusement que je l'ai fait, sans esprit de système et sans préjugés. La vérité doit toujours finir par avoir raison. On ne peut en abuser longtemps en faveur d'une religion ou d'un système sans qu'elle se découvre, peut-être au détriment de la réputation d'écrivains plus zélés qu'éclairés ; cependant la religion a assez de raisons bonnes et certaines pour s'établir et se maintenir ; il n'est pas besoin de lui en chercher dans la misère du paganisme qui soient faibles, équivoques ou incertaines.

Le théisme et les principes de la loi naturelle ont suivi toutes les nations comme tous les philosophes dans leurs égarements [1]; cela est incontestable; aussi malheur aux nations idolâtres et aux lâches philosophes qui auront retenu la vérité captive, et n'auront pas glorifié Dieu suivant leur devoir. Mais on ne leur demandera pas compte de leur insoumission à des mystères inconnus, à ces mystères révélés plus ou moins explicitement aux Israélites et aux Chrétiens, si ces mystères ne leur ont pas été annoncés : *fides ex audita.*

Les livres chinois doivent parler du *Juste de l'Occident*, de Bouddha, de manière à faire croire aux apologistes de la religion chrétienne qu'il s'agit vraiment du Messie, tandis qu'il n'est question que d'un chef de secte indienne qui était prôné par ses partisans dans toute la Chine, sous les Han surtout, vers le commencement de notre ère. C'est à cause de cette secte honnie des Brammes que Vishṇou s'incarna la neuvième fois en Bouddhiste, disent les Indiens, afin *d'obliger* Shiva qui voulait régner, comme il règne maintenant, par son culte, dans le royaume de Bénarès. Les incarnations de Vishṇou sont des inventions poétiques, postérieures au bouddhisme, qui remonte pour le moins à l'an 544 avant J. C. Ce sont des fictions à l'instar des anciens Monontorohs. La collection des chants, prières et rituels védiques, la composition du *Ramayoṇ*, du *Shoûrdjyo Shiddanto*, du *Monou*, du *Mohabharrot*, du *Brommo Shiddhanto* (*Shakolyo*), du *Voraho Mihiro*, du *Gorgo*, de l'*Amoro Shingho*, des dix-huit *Pouranas*, etc. sont les productions de poëtes qui vivaient à la cour des rajahs, dont plusieurs font époque 56 ans avant J. C., 79, 318, 594 et 943 après. Si l'on ne considérait que le style

---

[1] «Erat lux vera, quæ illuminat omnem hominem venientem in hunc «mundum.» (*Ev. S. Joannis*, 1. 9)

du *Monou* et du *Shoûrdjyo Shiddhanto*, on dirait que ces poëmes ont été écrits dans le même temps, à la cour du même rajah, 345 ans après J. C. C'est la même mesure de vers, le même genre de sanscrit, le même laconisme; et souvent ce sont les mêmes termes et les mêmes idées au sujet de la cosmogonie, de la théogonie et de la chronologie.

Il ne faut pas croire que la division des Indiens en quatre grandes castes principales ait été définitivement consacrée avant Monou, quoiqu'on ait voulu avant lui, dans l'intérêt de la caste sacerdotale des Brammes, qui dominait par sa constitution depuis des siècles, accoutumer le peuple à supporter cette caste divine, en le divisant lui-même en plusieurs castes, dont l'origine était aussi rattachée à Brommo. Le roi, pour qui Monou écrivait ses lois et fixait les coutumes, avait l'avantage, par cette division honorifique et héréditaire de ses sujets, de commander à tous avec plus de facilité, suivant le précepte politique *divide et impera*.

Les plus savants parmi les Brammes, et les plus indépendants sous le rapport de la fortune, ne veulent pas être traités d'idolâtres ni même de polythéistes grossiers, depuis que les Anglais sont souverains dans leur pays. Ils rougissent de l'abaissement de leurs compatriotes devant de viles idoles; ils ont essayé, dans le commencement, de justifier sinon le culte, au moins la croyance du peuple, mais ils ont abandonné depuis longtemps la défense impossible de ce culte et de cette croyance populaire. Le panthéisme philosophique, qui se dit théisme pur ou déisme, est leur religion, *s'ils en ont une*. Qui ne rougirait de demander sa guérison, de la pluie, un bon voyage, une bonne récolte, etc. à un serpent (*cobra di capello*); à un galet (*shalgram*) semblable aux vieux poids romains que l'on suspendait aux pieds des

martyrs; à un taureau; à un aigle; à un faucon; à un singe;
à un pied de basilic dit Touloshi (*ocymum sanctum*); à une
poignée de boue pétrie en forme de *phallus*; à mille et mille
statues, qui sont d'autant plus vénérées qu'elles sont grossièrement faites et ridicules? On n'a pas d'idée, en Europe,
de l'idolâtrie pratique et générale des Indiens. Je ne sais
si les Romains et les Grecs étaient aussi superstitieux et
aussi avilis par des pratiques quotidiennes de prétendue religion, quand la lumière de l'Évangile les éclaira pour la
première fois; mais il est certain qu'on ne peut rien ima-
giner d'absurde et de ridicule en fait de culte, qui ne soit
déjà tout trouvé depuis bien longtemps dans l'Inde. Là plus
l'homme grandit, plus il devient bête par son éducation.
Enfant, il foule aux pieds le *touloshi;* il frappe le serpent et
le taureau. Mais son père et sa mère lui apprennent bientôt
à ne plus faire cela; à voir dans ces créatures des êtres divins; et enfin à craindre, à vénérer et à adorer le *touloshi,*
le serpent et le taureau. Chaque village a ses divinités de
localité; chaque maison a ses pénates; c'est à ces dieux de
pierre, de bois ou de terre cuite que l'on s'adresse soir et
matin en famille. Si l'on craint ces dieux, on tâche aussi
de s'en faire craindre; on les menace de les chasser du village ou de la maison, dans le cas que les choses qu'on leur
demande ne soient pas accordées[1]. Mais il y a toujours
quelque bon voisin ou quelque Bramme qui prend leur défense et les maintient en place.

Voici un spécimen des prières faites aux idoles par le
commun du peuple. Il s'agit de retrouver une vache et un

____

[1] Les Chinois traitent aussi de cette manière leurs idoles. Voyez les *Nouveaux Mémoires*, par le P. L. le Comte, t. II, p. 157.

veau. On s'adresse pour cela à un Ṣhiva ou Thakour de marbre noir en forme de *phallus* uni au *pudendum muliebre*. Dans tout le Bengale les temples sont généralement consacrés à Ṣhiva, représenté par cette idole infâme.

Salut, Ṣhiva, salut! Notre vache et son veau,
Qui paissaient dans les prés, sur les bords du ruisseau,
Nous ont abandonnés tous deux la nuit dernière.
Rendez-nous, je vous prie, et le fils et la mère.
Si vous ne savez pas ce qu'ils sont devenus,
Demandez-le bien vite à tous les dieux connus.
La vache a le poil blanc, une corne sciée;
Le veau n'a pas un an, sa couleur est cendrée.
Nous vous sacrifierons du beurre et de bon lait,
Des figues, des cocos, des fleurs, du riz bien net,
Du sucre, des gâteaux, de l'huile et deux chandelles
Pour la vache; deux boucs, deux jeunes tourterelles,
Sept melons, dix lotus pour notre pauvre veau.
Vous serez à jamais, dans cet heureux hameau,
Le dieu des dieux. Mais si, demain, juste à cette heure,
Nous ne voyons ni veau, ni vache en leur demeure,
Nous te battons, vilain; nous te chassons, cochon.
Le lendemain je passe à la même heure. Bon.
La femme dit au dieu : Rends-moi mon veau, ma vache,
Vilain. L'homme en fureur, saisissant une hache,
Le menace et le frappe en l'appelant coquin,
Tronqué, débile, affreux, saignant, fils de......
Scélérat et maudit. Mais le Thakour de pierre,
Comme devez penser, en tout ne souffre guère.

Le rajah Rammohon Roy a réuni dans un livre tous les passages des Védas et d'autres livres sacrés qui prouvent le mieux le théisme qu'il professait; je ne peux faire connaître plus clairement ce que c'est que ce théisme, qu'en donnant une traduction littérale de quelques-uns de ces mêmes passages qui ont la plus grande autorité parmi les Brammes. Je suis l'édition in-8° de Londres, 1832.

« L'Être suprême, dans les Védas, est regardé comme un animal quadrupède, comme le soleil, comme le feu, comme l'air, etc. tout cela est en figure. Ainsi l'Esprit est l'Être suprême, et on doit l'adorer. Dieu est *Ko* et *Kho* (α et ω), sous la forme de toutes les parties de l'univers. Tout ce qui existe véritablement est une extension de Dieu, est Dieu même. Cet être, qui est distinct de la matière, n'est point double ou multiple, au contraire il est déclaré *un* par tous les Védas. Les Védas disent qu'il est *une pure intelligence*, sans figure et sans forme. Dieu était avant tout; il n'a point de pieds, et il s'étend partout; point d'yeux, et il voit tout; point d'oreilles, et il entend tout; point de mains, et il atteint tout. Son existence n'a pas de cause. Il est le plus petit des petits, le plus grand des grands, et dans le fait il n'est ni petit ni grand (p. 12 et 13).

« Celui qui adore un autre dieu que l'Être suprême, et croit que l'Être suprême lui est inférieur et est différent, ne comprend rien; on doit le considérer comme la bête domestique de ce dieu; car l'Être suprême seul doit être adoré, et rien autre que lui ne doit être adoré par les sages. Les dieux du ciel eux-mêmes doivent l'adorer, et ils l'adorent.

« Les dieux du ciel (l'Air, le Soleil, les Étoiles, etc.) adorent l'homme qui adore l'Être suprême. L'homme ne doit adorer les dieux du ciel que quand il ne peut adorer l'Être suprême; mais aussi il sera leur pâture, comme le déclarent les Védas (p. 16, 17, 18).

« Tout vient de Dieu; tout est en Dieu; tout retourne à Dieu; c'est de lui que chaque élément, que chaque graine de l'univers, que chaque intelligence particulière, que chaque sensation, que le vide, que l'air, la lumière, l'eau, et que tout ce qui est sur la terre, procède.

« Le ciel est sa tête ; le soleil et la lune sont ses yeux ; l'espace est son oreille ; les Védas sont sa parole ; l'air est son haleine ; le monde est son intelligence ; la terre est ses pieds ; pour lui, il est l'âme de l'univers ; il produit les images et tous les phénomènes du ciel, les moissons et tous les phénomènes de la terre (p. 32, 33).

« Toute matière doit être regardée comme un vêtement de l'esprit de Dieu qui gouverne tout. Ceux qui négligent de méditer sur l'Être suprême, deviennent après leur mort comme les démons qui sont enveloppés des ténèbres de l'ignorance ; mais celui qui l'adore sincèrement est exempt de toute transmigration ; il est absorbé en lui après sa mort, sans être sujet à renaître et à mourir de nouveau, à augmentation et à diminution dans son existence.

« Celui qui voit tout l'univers dans l'Être suprême, et l'Être suprême dans tout l'univers, ne méprise rien, ne s'enorgueillit de rien, ne craint rien, et ne s'afflige de rien. Dieu s'étend à toutes les créatures, et les enveloppe. C'est un pur esprit sans la forme d'un corps quelconque. Il est parfait, omniscient, le régulateur de l'intelligence, omniprésent et existant par lui-même ; il a de toute éternité assigné à toutes les créatures leurs devoirs respectifs (p. 19, 22, 101, 102).

« L'Être suprême est la cause efficiente de tout l'univers ; il l'a créé par sa seule intention (p. 15). »

Le Bramme Rammahon Roy, qui adoptait ce théisme védique, ne pouvait empêcher les Brammes qu'il combattait de lui prouver clairement, par ces mêmes textes, que ce théisme était le panthéisme tout pur, qui se réduit nécessairement au polythéisme et à l'idolâtrie du simple peuple.

Je ne sais si l'on n'aurait pas pu convaincre également de panthéisme, de polythéisme et d'idolâtrie le plus sage des Grecs et des Romains qui n'aurait suivi que le philosophisme dans la recherche du vrai Dieu, en s'éloignant des premières indications de la raison et des traditions qui l'annonçaient à tous, aux simples comme aux autres, parce que sa connaissance est nécessaire à tous.

Voilà enfin les quelques mots védiques, bien choisis, bien interprétés par Rammahon Roy, abstraction faite de ce qui précède et de ce qui suit, de l'esprit des Védas et des livres sacrés où ils se trouvent, qui semblent donner une idée pure de la divinité. Quelle misère! Le plus petit des prophètes d'Israël vaut mille fois mieux que tous les philosophes panthéistes, enfants de Brommo. On trouve plus d'or pur dans une page de la Bible que dans tous les in-folio des sages de l'Orient. Quelle folie donc de dire désormais de l'Orient idolâtre : *Lux ab Oriente*[1]!

En effet, voulez-vous des idées pures, des idées sublimes sur la religion et la cosmogonie? écoutez l'Église; ouvrez la Bible. Voulez-vous acquérir promptement et sûrement des idées vraies sur l'astronomie, la physique, la chimie et la géologie? lisez les ouvrages des Laplace, des Arago, des Biot, des Leverrier, des Pouillet, des Thénard et des Cuvier. Quand l'imbécile idolâtre, Bramme ou Pondit de caste quelconque, raisonnait avec moi sur la cause première de tous les grands phénomènes de l'univers, dont l'harmonie, la sagesse, la beauté, l'unité frappent les yeux les plus obtus, il concluait qu'il n'y a qu'une puissance suprême, nécessaire, qui soit cette cause première, ce dieu des dieux et de tout ce qui pouvant

---

[1] *Ex Oriente lux* est la devise de quelques orientalistes qui cherchent la pierre philosophale dans les livres panthéistes des Indiens.

ne pas être est créature. Mais si par malheur il voulait s'affermir dans cette grande idée, ou me prouver à son tour sa croyance purement rationnelle et naturelle par ses livres sacrés et leurs commentaires, par les raisonnements des gymnosophistes, il se perdait dans d'obscures explications, dans des sophismes, dans des logomachies, et retombait dans le panthéisme, le polythéisme et l'idolâtrie. Non, depuis que l'Évangile a brillé dans le monde, depuis que le christianisme a enfanté de vrais savants, on ne doit plus dire, sans être absurde, *lux ab Oriente*, mais *lux è Christianis*, à moins que cet Orient ne soit le christianisme lui-même ou son divin fondateur.

CHAPITRE XVIII.

DES ZODIAQUES DE PERSÉPOLIS; DE DIANE D'ÉPHÈSE; DE LA
TABLE ISIAQUE; DE DEUX ZODIAQUES DE DENDERAH; DE
LA FACE LATÉRALE DE L'EST DANS LE PORTIQUE DU
GRAND TEMPLE DE DENDERAH, ET D'UNE BANDE DE LA
FACE POSTÉRIEURE; DE LA FAÇADE DE CE TEMPLE; DU
JUGEMENT DES MORTS PAR-DEVANT LES VINGT-HUIT NO-
KHYOTTROS ET LES DOUZE SIGNES ZODIACAUX; DES MI-
THRAS ET TALISMANS MITHRIAQUES.

Je n'entrerai pas dans de grands détails au sujet des divers zodiaques solaires et lunaires de Persépolis et de l'É-
gypte, qui sont évidemment composés suivant la doctrine
astronomique et astrologique des Indiens. Ce que j'ai dit
dans les chapitres précédents sur cette doctrine suffit. Les
numéros placés sous chaque figure feront facilement reconnaître les 28 Nokhyottros, les 28 Yôgotaras et les 12 signes.
Je donne ces indications analogiques comme certaines.
Elles peuvent et doivent servir à faire lire les caractères cunéiformes et hiéroglyphiques qui accompagnent ces figures.

Les temples de Persépolis, dont Chardin a copié plusieurs
bas-reliefs, étaient bien certainement dédiés au Soleil et
aux autres dieux honorés avec lui; ces autres dieux sont les
planètes, les signes du zodiaque et les constellations.

PLANCHE II. N° 1. — Ce bas-relief contient 28 figures ar-

mées, rangées sur une ligne; ce sont les 28 Nokhyottros.
c'est la milice du ciel, *militiam cœli* (*Deut.* xvii, 3), qu'il
était défendu aux Hébreux d'adorer comme le faisaient les
Gentils du temps de Moïse.

N° 2. — Ce tableau représente une façade dédiée à Mithra,
qui paraît dans l'air, entre les emblèmes de la lune et du
soleil, porté sur un anneau ailé, signe d'union et d'amour.
Mithra tient encore à la main un cercle, qui probablement
est le symbole ordinaire du zodiaque indien, le *tchokro*.
L'emblème de la lune, un croissant, n'a pas été copié par
Chardin, mais tout le suppose. Le prêtre de Mithra, accompagné d'un esclave qui agite un chasse-mouche au-dessus de
sa tête, récite les Has sacrés. Les 12 signes du zodiaque
solaire (Ζωδιακὸς, de Ζῴδιον, animal), sont représentés par
six lions et six taureaux. Le nombre des lions ou taureaux,
qui sont toujours dans ces grands tableaux persépolitains
pour indiquer les 12 signes, le solstice d'été au Lion, et
l'équinoxe du printemps au Taureau, devrait être spécialement constaté par de nouveaux voyageurs. Kœmpfer, Nie-
buhr, Bruyn, Ker Porter et M. Flandrin ne se sont occupés
que des formes de ces monuments. Ce dernier ne laisse
rien à désirer sous ce rapport; ses dessins sont admirables.

Quatorze Nokhyottros sont dans les trois bandes infé-
rieures; quatorze autres sont supposés dans l'hémisphère
invisible, ou placés ailleurs.

N° 3. — On voit sur cette pierre de Babylone, apportée
en France par M. Michaux, les 14 Nokhyottros et les 6 signes[1] solaires d'un hémisphère; le sculpteur a très-proba-

---

[1] Le premier signe est un serpent à tête de lion; le deuxième, un serpent
à tête de coq; le troisième, une poule; le quatrième, un oiseau inachevé; le
cinquième, un corbeau; et le sixième, un scorpion. Les quatorze Nokhyottros

blement désigné, par les caractères cunéiformes gravés au-
dessous, les noms babyloniens de tous les signes et Nokhyottros visibles et invisibles. Une cause inconnue pour nous l'a
empêché de graver l'hémisphère méridional, qui semble destiné aux 6 signes et 14 Nokhyottros manquants. Le serpent
zodiacal et le chien entourent et caractérisent cette sphère,
symbole du monde.

Ce monument peut devenir une autre pierre de Rosette
pour trouver l'alphabet tout à fait inconnu de ce genre
particulier d'écriture cunéiforme; il faudrait découvrir dans
son inscription les noms zends ou sanscrits des 12 signes et
des 28 Nokhyottros connus par ailleurs. Cela demande l'essai
de plusieurs noms.

Il faudrait aussi que le Cabinet des médailles de la Bibliothèque du Roi eût une collection plus complète des
pierres ou plâtres de pierres semblables, afin de faire des
comparaisons, et que l'on pût se procurer des copies exactes
de leurs figures et inscriptions cunéiformes. Les planches
de la pierre babylonienne précitée que l'on trouve dans les
Monuments inédits de Millin, sont inexactes, et ont besoin
d'être corrigées depuis le commencement jusqu'à la fin.

N° 4. — Rien ne manque dans ce tableau, excepté l'emblème de la lune. Les 12 signes et les 28 Nokhyottros sont
sous le toit ou les hauts lieux du sacrifice. On voit là une
fidèle représentation de ces aruspices qui offraient l'encens
à Baal, au Soleil, à la Lune, aux 12 signes et aux 28 No-
kyottros formant la milice du ciel. «Aruspices... qui adole-
sont représentés par trois étoiles, six autels chargés d'offrandes, trois animaux, un arbre et une flèche. Cette sphère est faite pour l'état du ciel au
XVI° siècle avant notre ère, lorsque le solstice d'été et l'inondation annuelle
arrivaient près le signe du Lion, au-dessus de Sirius, l'emblème de l'année
Sothiaque.

« bant incensum Baal, et Soli, et Lunæ, et duodecim signis,
« et omni militiæ cœli. » (4 *Reg.* xxiii, 5.)

N° 5. — L'emblème de Mithra, et tout ce qui doit être au-
dessus des 12 signes dans cette façade n'a pas été copié par
Chardin; mais par analogie on le devine sans peine. On
compte au-dessous et à côté du Mage en prières 28 Nokhyottros et 28 Yôgotaras; deux petits autels des parfums
représentent un Yôgotara et un Nokhyottro. Toutes ces
constellations sont armées, menaçantes et rangées en ordre
de bataille. Enfin, c'est toujours *militia cœli.*

N°s 6 et 7. — Les Mages adorent le Soleil dans sa lumière
réfléchie par deux miroirs. Un obélisque et une gloire à
sept rayons sont placés sur les autels; dans le n° 6 on voit
Isis sous forme de sphinx, et Osiris représenté par un
globe ailé[1].

N° 8. — La statue de Diane d'Éphèse du palais Farnèse à
Rome, est un monument bien curieux et parfaitement conservé. Les autres statues de Diane d'Éphèse sont presque
toutes mutilées ou incomplètes. On compte dans son voile
six chauves-souris, et sur ses bras six lions; ce sont les signes
visibles et invisibles du zodiaque solaire.

Les 28 Nokhyottros sont représentés par 14 figures placées sur le devant de sa robe, et 14 autres placées sept
d'un côté, sept de l'autre.

Le collier est un zodiaque grec; des Debtas ailés con-
duisent chaque signe.

Planche III. N° 1. — Les 28 Nokhyottros sont représentés
par 28 belles figures dans la table Isiaque. Abhidjit, la dix-
neuvième, est accompagnée du chat isiaque tenant un sistre,

---

[1] Chez les Chinois les étendards du soleil et de la lune reçoivent les ado-
rations rendues au ciel. Voy. le P. Noël, *Philosophia Sinica,* p. 120.

change en lyre par les Grecs. Ce Nokhyottro, petit dans la
forme et en étendue, placé dans cette table au 19° rang,
au commencement d'Outtoroshadha, Krittika étant à la tête
du zodiaque lunaire, à l'équinoxe du printemps, prouve
que cette table a été faite en l'an ou pour l'an 1571 avant
J. C. au moins. C'est l'époque de la formation des mois
actuels des Indiens, et de la position d'Abhidjit à cette
place.

Isis est assise au milieu; Canopus, qui marque le Sud,
est sous son trône à côté du lion mythique de la sphère
babylonienne précitée. Devant Isis, sous la seconde figure,
un lion indique le Nord; et derrière elle, sous la seconde
figure, deux crocodiles juxtaposés en sens contraire désignent l'Est et l'Ouest. J'ai numéroté les 14 Nokhyottros de
chacune des deux bandes isiaques.

Apis, consacré au Soleil, et Mnévis, consacré à la Lune,
sont dans deux cases spéciales, au commencement et à la
fin de la deuxième bande.

Dans la première bande, consacrée à Osiris et aux douze
signes du zodiaque solaire, on voit le Bélier au-dessus du
symbole de Typhon; Horus, le dieu bon, l'adversaire de
Typhon, est après le huitième signe.

Autour de ces deux zodiaques, dans la bordure, on
compte 68 figures. Ce sont les 28 Nokhyottros, les 28
Yôgotaras et les 12 signes. Mnévis et le Bélier equinoxial
sont dans deux bateaux d'honneur; chaque figure est séparée par des fleurs ou des pieds de lotus épanoui ou en
bouton.

On ne peut rien voir de plus riche en emblèmes mithriaques que cette table antique. Il serait à désirer qu'on en
publiât un dessin exact, sous le rapport des caractères hié-

roglyphiques et des astérismes placés, non sans raison, en nombre déterminé, dans divers ornements.

Le globe ailé, le lion, le scarabée, l'aigle, le corbeau et le bélier, emblèmes du Soleil; le chat, l'ibis, la tortue, le cygne, le chien, le cerf, le vautour et la grenouille, emblèmes de la Lune; l'œil, le lotus, le faucon, l'épervier, l'aspic à tête de coq, le globe à quatre ailes, le chien-lion, et tous les composés des signes de la Lune et du Soleil, emblèmes d'Horus; le scorpion, le lion avec l'aiguillon du scorpion, le taureau à poil roux, monstrueux, à queue double ou triple, l'âne, le sanglier, le chacal, l'hippopotame, emblèmes de Typhon, sont représentés dans diverses parties de cette table.

Les bonnets mithriaques à deux et à trois plumes, ornés des cornes de la lune et du disque du soleil, de l'œil d'Horus, de l'aspic mâle et de l'aspic femelle, de la plume d'autruche, des cornes du bélier, du globe ailé, de l'aspic d'Horus, de trois lotus, du scarabée, du faucon, du vautour, des vrilles de courge, etc. sont la coiffure des 12 signes et des 28 Nokhyottros.

Les bâtons conducteurs à tête de chien, de lièvre, de lévrier; le fouet et le crochet, signes du mouvement et du repos, et les tuyaux de lotus sont dans les mains de plusieurs personnages, ainsi que la croix ansée, comme emblèmes de la divinité.

Il est évident que l'auteur de ce double zodiaque a voulu rassembler tous les symboles mystérieux[1] d'Osiris, d'Horus, d'Isis et de Typhon. Ce monument était-il dans un tombeau royal, comme ces papyrus du jugement des morts

[1] Voyez Diodore de Sicile, S. Clément d'Alexandrie, Apollonius de Tyane, Macrobe, Plutarque et Horus Apollo, pour tous ces symboles mystérieux.

par-devant les 40 mêmes signes lunaires et solaires? Était-il destiné à quelque sanctuaire des mystères d'Isis? C'est là ce que l'histoire ne nous dit pas.

Les inscriptions en hiéroglyphes doivent désigner les noms et les offrandes de chaque figure, et exprimer des louanges en l'honneur d'Isis, d'Horus, d'Osiris, ou seulement d'Isis, qui s'est définie quelque part en disant : *Ego sum quod extitit, est, et erit.*

N° 2. — Les zodiaques de Denderah sont des monuments astronomico-astrologiques faits sous la domination romaine, comme l'a parfaitement prouvé M. Letronne. C'est une question finie en archéologie. Dans ces zodiaques on trouve réunis les 12 signes du zodiaque grec, les 28 Nokhyottros, les 28 Yôgotaras, les 24 Horas, les 112 *podos* ou quarts de Nokhyottro, les 30 Tithis et autres choses des sphères orientales. L'auteur du zodiaque circulaire et du zodiaque oblong fait commencer la marche des signes au Taureau[1]. Les zodiaques sculptés au plafond du portique d'Esné et au plafond du temple de Latopolis (pl. 79 et 87 des *Antiquités d'Égypte*, vol. I), sont postérieurs à ceux que j'examine maintenant, et font commencer l'équinoxe du printemps au Bélier et aux Poissons; ce sont des imitations de celui de Denderah.

Dans le zodiaque oblong, le soleil, au solstice d'été, verse presque perpendiculairement des flots de lumière sur un temple d'Isis, un peu avant la fin du Cancer, lequel finit

---

[1] Ces zodiaques ne sont pas faits avec une assez grande précision pour que l'on puisse dire : L'équinoxe ou le solstice est placé exactement à tel degré de l'écliptique. Mais on y voit l'intention bien marquée d'indiquer le Taureau, le Lion, le Scorpion et le Verseau comme voisins en delà ou en deçà des solstices et des équinoxes.

après le solstice, vers la tête du Serpent et du Lion. Le but du sculpteur est évidemment de rappeler l'état du ciel au xvi⁰ siècle avant notre ère.

Dans le zodiaque circulaire, l'équinoxe du printemps commence avec le Taureau placé immédiatement sur un des porteurs du zodiaque; le solstice d'été commence avec le Lion placé sur le second porteur; l'équinoxe d'automne, avec le Scorpion sur le troisième porteur; et enfin le solstice d'hiver, avec le Verseau sur le quatrième porteur.

Les bandes A, A', B, B' du zodiaque oblong sont à peu près toute la matière du zodiaque circulaire. Comme le débordement du Nil, de l'Indus, du Gange et des grands fleuves, sous le tropique du Cancer, arrive un peu avant le solstice d'été et dure un peu après, ces inondations sont indiquées par Osiris monté sur un bateau; par Horus, sous forme de faucon, monté sur un lotus; par Isis, sous la forme de Mnévis, couchée sur un bateau; par les deux figures du dernier Nokhyottro, qui versent de l'eau et élèvent un lotus; et enfin par le Lion, qui se fait un bateau de l'Hydre. Dans le zodiaque circulaire, l'inondation est également marquée par le bateau d'Isis, le serpent-bateau du Lion, et le lotus d'Horus.

Ceux qui ont voulu déterminer l'âge de ces thèmes astronomico-astrologiques, se sont trompés en n'examinant pas avec assez d'attention la position relative des figures entre elles, et ensuite en supposant que le sculpteur voulait représenter rigoureusement le commencement des solstices et des équinoxes pour son époque ou celle de la construction des temples de Denderah. Ils connaissaient bien peu l'esprit des astrologues orientaux, qui ne cesse pas, surtout chez les Indiens, d'inventer et de peindre des zodiaques de

toute sorte et pour divers temps, passés ou futurs, dans
le seul but d'honorer quelque divinité, ou même les 12
signes, les Nokhyottros, les planètes, les constellations ou
toute autre personnification d'idée aussi peu scientifique.

Quoi qu'il en soit, expliquons ces tableaux indiens de
l'Égypte; commençons par le zodiaque oblong, qui est un
résumé des principales figures de l'astronomie et de l'astrologie.

Les bandes A, A' renferment 39 bateaux : 12 pour les 12
signes, et 27 pour 27 Nokhyottros; le 28° se trouve dans le
premier bateau de B, à côté d'Isis. On a voulu, en sculptant
ces Nokhyottros, rendre le sens du mot *nokhyottro*, qui
vient de *nöouka*, bateau, et de *tara*, étoile, et veut dire
étoile de bateau.

J'ai numéroté tous ces bateaux. Les bandes B, B' contiennent les 12 signes grecs, les 28 Nokhyottros, les 28 Yôgo
taras, les bateaux d'Osiris, d'Isis, et Horus perché sur la
tête élevée d'un lotus.

La bande C', qui se continue dans les bandes C et D,
renferme les 12 signes du zodiaque, et les 28 Nokhyottros
passant le Soleil dans 12 bateaux, dont 6 d'un hémisphère
sont couverts. Les pilotes et les rameurs ne comptent pas.

On compte 24 Horas dans la bande C'; et 24 mois lunaires, les mois blancs et les mois noirs d'une révolution
annuelle, dans la bande C.

Chacune des bandes D et D' renferme les 30 Tithis ou
jours lunaires, avec les symboles d'Osiris, d'Isis et d'Horus.
Ces symboles sont deux serpents placés sur des corniches
de temple, deux sphinx couchés sur deux piédestaux, et
deux serpents, dont l'un a deux ailes étendues, et l'autre
une plume sur la tête. Les deux figures ailées qui n'en

font qu'une, et qui sont placées sur les pieds d'une troisième figure renversée, rappellent encore l'idée de la divinité double ou triple dans les trois principales émanations de la divinité.

N° 3. — Montfaucon (*Antiquit.* t. II, pl. cxxxvi) donne le dessin d'un talisman trouvé dans un vieux mur de Malte; c'est évidemment une mauvaise copie des figures de ces deux bandes, ou une composition faite d'après le même système astrologique par les Phéniciens qui ont séjourné à Malte.

Entre les bandes E et G, dans la bande F, on reconnaît les 12 mois solaires personnifiés et placés dans 12 bateaux, dont 6, au centre, sont distingués des autres par des cercles. A droite et à gauche de ces bateaux on compte facilement, dans les bandes E et G, les 28 Nokhyottros divisés chacun en quatre pieds. Ces pieds (*podo*), également personnifiés, sont sous des formes diverses. Les nouveaux voyageurs en Égypte devront rectifier la copie de ces deux bandes et tout le tableau astrologique, dans lequel le nombre des figures est plus essentiel que la forme.

Les 12 signes qui reçoivent le Soleil dans leur station et le saluent à son passage, sont placés entre les bateaux.

Les 28 Nokhyottros qui rendent le même honneur au Soleil, sont montés sur les bateaux, à côté du Soleil, du pilote et du rameur; on en compte 14 sur les 6 premiers bateaux, et 14 sur les 6 autres.

Enfin la bande H contient les voyages d'Isis, d'Horus et d'Osiris sur un bateau dans les 28 Nokhyottros et les 28 Yôgotaras, dont 14 jouissent simultanément de la lumière. Le Pournima et l'Omaboshya sont très-bien représentés par un grand cercle et un croissant avec l'œil d'Horus.

Le globe ailé, mitré, environné de deux aspics, qui représente le Soleil, et le vautour mitré, portant deux plumes
d'autruche, qui représente la Lune, décorent alternative-
ment la bande centrale I; deux bandes parsemées d'étoiles
entourent ces deux emblèmes d'Osiris et d'Isis.

Planche IV. N° 1. — Afin de faire reconnaître le rapport des figures de ce zodiaque circulaire avec celles des
bandes A, A', B du zodiaque précédent, j'ai donné les
mêmes numéros aux figures semblables, à mon avis, dans
les deux zodiaques.

N° 2. — La face latérale de l'Est, dans le portique du
grand temple de Denderah, contient 28 tableaux évidemment consacrés à l'adoration du Soleil par les 28 Nokhyottros.

N° 3. — La bande postérieure est une autre forme de la
scène précédente.

N° 4. — La façade du temple annonce que tout l'édifice est
consacré à l'astrologie. On y voit, dans 14 cadres assez grands
et autour de la porte, la moitié des signes solaires et lunaires;
au-dessus de la corniche on compte, à droite et à gauche
d'Isis et d'Osiris assis, les 28 Nokhyottros et les 28 Yôgotaras.

N° 5. — Tous les tableaux du jugement des morts contiennent les 28 Nokhyottros et les 12 figures solaires. Je
ne connais d'exception à la forme de ce thème funèbre que
le tableau peint sur un cercueil, n° 132, placé dans la salle
du zodiaque à la Bibliothèque royale. Là on ne compte
que 14 figures et celle de la défunte; les 14 autres et les
12 signes sont ailleurs ou omis.

Dans le manuscrit sur papyrus, tiré des hypogées de
Thèbes (*Antiq.* vol. II, pl. 60), il y a un tableau complet
de la scène du jugement d'un mort. Sur la corniche on a
peint les yeux de la divinité, qui voient tout par le Soleil

et la Lune; les 8 aspics, gardiens des 8 côtés du monde; la Balance et Sirius aux extrémités, comme symboles de justice et de vigilance.

Sous la corniche, dans deux cases, sont assis les 40 signes lunaires et solaires; au milieu d'eux le Soleil et la Lune président : on les reconnaît aux cornes de bélier. Tous ces juges ou témoins portent sur la tête la plume d'autruche, signe d'impartialité et de justice. L'ombre de la défunte (A) implore l'assistance des témoins de sa vie dans le monde; elle leur offre un sacrifice afin de se les rendre favorables.

A la dernière division du tableau, l'âme (A) est présentée à Yomouna, sœur d'Yomo, par une déléguée des 40 constellations, ou plutôt à Isis, sœur d'Osiris; l'autel chargé de lotus et de l'œil d'Horus atteste sa piété devant Isis et Osiris. On voit, dans d'autres tableaux, des offrandes de statuettes, qui sont les symboles d'Osiris, d'Isis, d'Horus et de Typhon. Une urne à tête de lion désigne Osiris; Isis est figurée par une urne à tête de femme; Horus est l'urne à tête d'épervier, et Typhon l'urne à tête de chacal. Des autels à une, deux, trois et quatre tablettes sont également des offrandes funéraires. Les défunts professent ainsi leur foi au théisme, au dualisme, au trithéisme ou au tétrathéisme. Les Indiens font de semblables offrandes aux dieux des enfers, à Yomo et à sa sœur Yomouna, dont ils craignent le jugement.

Horus à tête d'épervier place le cœur, ou plutôt l'urne cinéraire de la défunte sur un des plateaux de la balance; c'est le Dieu bon. Typhon, au contraire, avec sa tête de chacal, a l'air de désirer que la plume d'autruche, le signe de justice mis comme un poids dans l'autre bassin, l'emporte sur l'urne.

Yomodout, le Mercure des Grecs, fait son rapport à Yomo; il a écrit sur une tablette le résultat de l'examen de la défunte. A côté de lui, Bhoût, Typhon, sous la forme d'un monstre, aboie, si on peut le dire, ses accusations.

Osiris ou Yomo, assis sur un siége élevé, tenant des deux mains les symboles du repos et du mouvement, un crochet et un fouet, prononce sa sentence avec impassibilité et impartialité. Telle est l'explication indienne de ce tableau.

Nᵒˢ 6, 7, 8. — Mithra est le Soleil véritable, qui éclaire et sauve le monde, suivant la doctrine du trithéisme et du tétrathéisme; le Soleil et la Lune ne l'éclairent que matériellement. Dans ces bas-reliefs, dédiés *Deo Soli invicto Mitrhe*, Mithra personnifié prouve sa force en terrassant le génie du mal, et en l'immolant. Ce génie a la forme d'un taureau typhonien à queue double ou triple, et sans doute à poil roux. Il dit, dans son triomphe, *Nama* ou *Nama Sebesio*. Ces mots signifient «adoration, adoration à Sebesius,» si *nama* vient du sanscrit. Comme Mithra est un être métaphysique provenant de l'opposition des contraires, le sculpteur l'a défini en mettant sous les yeux plusieurs choses opposées : le Soleil et la Lune, le flambeau du matin et celui du soir, le chien, actif et vigilant pendant la nuit, et le corbeau, actif et vigilant pendant le jour; la mort, figurée par le Scorpion, et la vie, représentée par les parties naturelles du Taureau; un arbre chargé de fruits, et un arbre stérile. Le Serpent et le Lion indiquent le solstice d'été, et sont le symbole zodiacal de Mithra.

Nᵒˢ 9, 10, 11, 12. — Ces tableaux désignent encore Mithra par des oppositions. Dans le premier on voit la clef de l'Orient et la clef de l'Occident, des ailes qui s'élèvent et des ailes qui s'abaissent; dans le second c'est le Bélier

qui est opposé à la Balance, c'est le Capricorne qui lutte
contre le Cancer; dans le troisième il y a deux flambeaux
placés des deux côtés de l'écliptique, qui a la forme d'un
serpent; enfin, dans le dernier, la barre qui ferme la porte
de l'Occident est opposée à la clef qui ouvre celle de l'Orient.

Nᵒˢ 13, 14, 15, 16. — Le coq, qui est le symbole de
la vigilance et du courage, est encore consacré à Horus ou
Mithra. On le trouve dans une foule de talismans. Mithra
tient le milieu entre les planètes, entre le Soleil et la
Lune; c'est ce que signifient les étoiles au nombre de 7 ou
de 2, ainsi que les deux serpents ou les deux figures opposées. On l'appelle IAΩ, parce qu'il est au milieu du commencement et de la fin des 7 planètes désignées anciennement par les 7 voyelles de l'alphabet grec, comme suit :

$$\text{☿} = \text{A}, \quad \text{♀} = \text{E}, \quad \text{♀} = \text{H}, \quad \text{☉} = \text{I}, \quad \text{♂} = \text{O}, \quad \text{♃} = \text{Υ}, \quad \text{♄} = \text{Ω}.$$

Nᵒˢ 17, 18, 19, 20. — Le lion à corps de serpent, environné de 7 ou 14 rayons, de 6 oiseaux, du Soleil et de
la Lune, est un symbole du Mithra zodiacal : on le nomme
CNOUBIS. Les rayons rappellent les signes solaires et lunaires, ainsi que les oiseaux. Canopus, cette belle étoile du
sud, est sa demeure.

Nᵒˢ 21, 22, 23, 24. — Horus ou Mithra est représenté,
dans le premier de ces talismans, sous la forme d'un enfant assis sur un lotus et environné des 12 signes du zodiaque. Dans les autres il a une corne de bélier, signe de
puissance; il a sur sa tête la tête de Typhon, le génie du
mal; il tient opposés, dans ses deux mains, divers animaux.
Horus est l'emblème du solstice d'été; Typhon, celui de
l'hiver; les deux crocodiles juxtaposés désignent l'Orient
et l'Occident. Les Indiens disent que la voie lactée est com-

posée de deux crocodiles, dont l'un est le génie du mal, et l'autre le génie du bien; ils les nomment *Doukhi*, *Khouçhi*.

Je laisse maintenant aux archéologues à décider si ce nouveau système d'explication pour tous les monuments de la Perse et de l'Égypte, dont les signes sont évidemment idéographiques, ne vaut pas mieux que celui qui a été suivi jusqu'à ce jour. Il est fondé sur le dualisme, le trithéisme, le tétrathéisme, les oppositions mithriaques, les signes des zodiaques du Soleil et de la Lune, l'astronomie et l'astrologie des Indiens.

FIN DE L'ASTRONOMIE INDIENNE.

NOTE SUR LE RAMAYONE.

J'ai lu attentivement les trois volumes du Ramayone qui se trouvent à la bibliothèque de l'Institut; il est incontestable que Valmiki, l'auteur du Ramayone, écrivait son poëme, 1° quand les Indiens eurent emprunté aux Grecs non-seulement les douze figures du zodiaque, mais encore les douze noms grecs de ces figures; 2° quand les Européens, ainsi que divers peuples situés à l'ouest de l'Indus, eurent fait des invasions dans l'Inde; 3° quand les Chrétiens eurent fait connaître plus ou moins clairement, plus ou moins exactement aux Indiens que le Christ, fils de Dieu, Homme-Dieu, incarnation de la deuxième personne de la Trinité, était venu sur la terre pour combattre, vaincre et écraser Satan avec tous les démons dont il est le chef; 4° quand quelque radjah venait d'établir parmi les Indiens de son royaume la différence des castes; 5° quand les ouvrages composés de *shlôks* de quatre pieds, ayant chacun huit syllabes, n'existaient pas encore.

En effet, 1° dans l'horoscope de Rama, livre I, section xv, shlôks 82, 83 et 88; livre II, section xiii, shlôk 3, on lit les mots *Korkot, Min* et *Kouliro* (κόλϧρος), pour désigner les signes de l'*Écrevisse*, des *Poissons* et du *Cancer*. Ces mots se trouvent dans toutes les éditions du Ramayone, dans tous les manuscrits de Goûr, de Canouj et d'Oudjeïn qui ont été comparés et compilés par MM. Marshman et Carey [1]. Personne n'a élevé le moindre doute au sujet de l'antiquité et de l'authenticité de ces mots dans l'horoscope nécessaire de Rama naissant.

---

[1] Ces éditeurs font peu de notes, ils n'indiquent que les variantes considérables. Immédiatement avant les vers de l'horoscope, qui commence au haut de la page 215, ils disent pour les vingt-six derniers vers qui terminent la page 214 : «The text from this «place to the foot of the page 214, is to be found only in the copies of the Goûr Pondits. «and not in those of the South or West.» J'ai vu là une assurance indirecte que l'horoscope, qui commence au haut de la page 215, après les vingt-six derniers vers de la page 214, se trouvait dans tous les manuscrits de Goûr, du Sud et de l'Ouest.

Je ferai observer, en passant, que certain calculateur orientaliste (Bentley[1]) a voulu fixer l'époque de la naissance de Rama d'après les données de son horoscope, qui place cinq planètes dans d'heureux[2] signes, et la Lune à côté de Jupiter. Ces données vagues ont été précisées on ne sait quand, ni par quel commentateur; de sorte qu'elles signifient maintenant que le Soleil était dans le Bélier, Mars dans le Capricorne, Saturne dans la Balance, Jupiter dans le Cancer, et Vénus dans les Poissons. Ces explications du texte de Valmiki sont les données employées par le calculateur ci-dessus mentionné: mais les astrologues qui en sont les auteurs bien certainement, pouvaient les faire varier à volonté.

Après tout, il est bien inutile de savoir quand vivait un héros entièrement imaginaire, comme Gargantua; qui tuait 14000 démons d'un coup de flèche; qui prouvait sa force à Sougriva en faisant trembler une montagne de huit milles de circonférence par un seul coup de pied, et en perçant sept palmiers et la croûte de la terre jusqu'aux enfers par son javelot; qui combattait avec une armée d'aigles et de singes, et qui parlait avec la mer (Shomoudro).

Rama, être imaginaire, est le héros et l'honneur de toute la race des rois solaires, comme Youdishthir, autre être devenu mythique, est le héros et l'honneur de toute la race des rois lunaires. Valmiki et Vyasho se sont immortalisés en chantant les exploits de ces deux races, et en les attribuant, avec toute licence poétique, à des héros de fantaisie. Vyasho doit être postérieur à Valmiki; car il donne, dans son *Mohabharrot,* un abrégé, en quinze cent huit vers, du Ramayone.

Bentley, qui place la composition et non la compilation du Ramayone en l'an 295 de notre ère, et celle du Mohabharrot en l'an 608 après J. C., ne s'est trompé, pour Valmiki, que de cent quatre-vingt-neuf ans six mois, en supposant que Valmiki était contemporain de Rama (ce qui, du reste, est affirmé dans le Ramayone), et que Korkot (κϰλίρο) commençait avec le Nokhyottro Poushya, l'an 345 après J. C., du temps de Moyo. Cette coïncidence avait eu lieu deux cent trente-neuf ans six mois plus tôt, en l'an 105 1/2 de J. C.

C'est là l'âge de Valmiki, que cherchait Bentley, et qui résulte des

____

[1] *Hindu Astronomy*, p. 15.
[2] À leur apogée.

données mêmes de Valmiki, rapportées par Bentley dans son Astronomie.

2° Valmiki vivant certainement après que les Grecs, les Persans, les Sics (*Sacæ*), les Kambodjiens du sud-ouest de l'Indus, les Arabes et tous les peuples barbares de l'ouest de l'Inde eurent fait invasion dans ce pays ; car il en parle très-clairement, en disant[1] que les Pollovas (*Persæ*), les Shokas (*Sacæ*), les Yavanas[2] (*Ionii*), les Kambodjas, les Mletchas (*Arabes*) et les Barbaras[3] (βαρβαροι) firent une telle guerre à Vishoamitro, roi des Indiens, et battirent si bien ses troupes, qu'il fut obligé de se cacher dans les montagnes de l'Himalaya.

3° Dans le livre I, section XIII, on voit que le chef des démons, Ravon, a mis, par son orgueil extrême, le désordre au milieu des esprits célestes ; qu'il a été humilié et puni par l'Être suprême ; que l'immortalité dans le malheur lui a été assurée à jamais ; qu'il a abusé de même de son pouvoir sur la terre ; qu'il a mis le désordre parmi les hommes en corrompant les femmes : que Dieu lui-même, deuxième personne de la Trinité indienne, se fait homme en naissant dans le sein d'une femme de race royale ; que cet Homme-Dieu attaque, vainc et écrase Ravon, cet ennemi de toutes les créatures de la terre et du

---

[1] Liv. I, sect. XLII.

[2] Sortis de l'*yôni* de la vache : les Ioniens.

[3] Le Ramayone de Goûr, composé dans le Bengale vers le XI° siècle après J. C., époque très-florissante de la littérature sanscrite à la cour des rois Adishor et Gôpal, remplace ce mot par *Bhoukharah*, à cause de l'invasion de l'Inde par les Boukhariens. (Voyez la feuille 80 du Ramayone de Goûr, écrit sur feuilles de palmier en caractères bengalis, qui se trouve à la Bibliothèque du Roi, sous le n° 137.) Quelques manuscrits, l'un de M. Wilson, l'autre de Sir Jones, ont *Toukharah* (les Turcs, les peuples du Turkestan) : cela revient au même pour les conséquences historiques, car ces noms de peuples sont nouveaux les uns et les autres. Cet ouvrage d'un grammairien puriste, d'un poëte anonyme du Bengale, est, quant au fond, le même que celui du célèbre Valmiki. Si l'on compare, par exemple, le chapitre LVI, liv. I du Ramayone goûrien avec le chapitre LV. liv. I du Ramayone canoujien, on trouvera qu'ils ne diffèrent entre eux que pour deux vers de plus dans le premier, et le changement, le déplacement ou le rajeunissement de cinquante mots ; c'est comme si pour *doubtait, estourdi, pescherie*, le poëte goûrien avait mis *doutait, étourdi, péche* ; mais dans les autres chapitres du manuscrit précité de la Bibliothèque du Roi, que j'ai examinés avec attention, les mots techniques d'astronomie et l'horoscope de Rama, que le poëte, très-distingué du reste, ne comprenait pas peut-être, ont été retranchés. Je ne sais cependant si ce retranchement est dans tous les autres manuscrits du Ramayone réformé : c'est douteux.

ciel; qu'il rétablit ainsi la paix, l'ordre et le bonheur; et qu'ensuite il s'élève majestueusement dans les cieux, où il va régner au milieu des Debtas.

4° Narodo révèle à Valmiki (livre I, section I) un grand acte politique de Rama. En effet, cet illustre fils de Dhoshoroth, roi d'Ayòdhya (*Aoud*), établira les quatre castes, et les maintiendra avec leurs distinctions et priviléges, qui sont assez expliqués par le législateur Monou, venu probablement après Valmiki, ou au moins son contemporain, s'il faut en croire Valmiki lui-même dans ce qu'il raconte longuement au sujet du premier ouvrage composé de *shlôks* de quatre pieds, qui est son Ramayone. Du reste, j'ai parlé ailleurs de Monou.

5° Valmiki s'attribue l'heureuse invention du premier ouvrage composé de *shlôks* de quatre pieds [1], ayant chacun huit consonnes. (Livre I, section II.) Il est évident qu'il parle avec la satisfaction d'un inventeur de la mesure des vers de son Ramayone, tout composé de *shlôks* de quatre pieds. Un ouvrage formé de cette espèce de vers monotones et mélancoliques était une nouveauté; mais le *hôk*, dont il se dit l'inventeur, à l'occasion de la mort d'un oiseau, se trouve fréquemment dans les *quatre Védas* qui lui étaient bien connus, puisqu'il parle des *Védas* et même des *quatre Védas*. (Liv. I, sect. III et IV.)

Si ces observations sont justes, il s'ensuit que les ouvrages de Monou sur les lois, de Moyo sur l'astronomie, de Gorgo sur l'astrologie, de Shokolyo sur l'astronomie, d'Amoro Shingho sur les substantifs, etc. de la langue sanscrite, sont des imitations de la forme de l'ouvrage célèbre de Valmiki, et sont venus après; car tous ces ouvrages n'ont qu'une espèce de vers, le *shlôk* de Valmiki.

Tous ces livres étant ainsi rationnellement placés après le commencement de notre ère, on peut s'expliquer d'une nouvelle manière ces idées de trinité, de création, de déluge universel, de rébellion d'anges orgueilleux, de péché occasionné par la corruption de la femme et la malice du démon, d'incarnation, de seconde personne trinitaire de la divinité, de rédemption, d'ascension, de résurrection, de prophéties, de miracles, de Krishno, de Rama, et des *obotars* de Vishnou, qui s'y trouvent pêle-mêle avec les fables les plus grossières et tous les enjolivements de la poésie.

***

[1] Le Ramayone est en général composé de vers de même longueur.

MANUSCRITS FONDAMENTAUX

SUR L'ASTRONOMIE ET LES SCIENCES

RECUEILLIS DANS L'INDE.

(Ces livres, en sanscrit, mais écrits en caractères bengalis, sont les pièces à l'appui de mon Astronomie.)

1ᵉʳ VOLUME IN-4°.

Nᵒˢ.		Nombre de pages.
1.	Shoûrdjyo Shiddhanto, texte seul. (345)[1]	21
2.	Brommo Shiddhanto (astronomie)	244
3.	Djatopotaki	14
4.	Pontchopokkhy	3
5.	Bhashoti (Shotanondo). (1100)	19

2ᵉ VOLUME IN-4°.

6.	Gorgo Shonghita. (944)	207
7.	Lilaboti (arithmétique et algèbre). (1150)	32
8.	Brommo Shiddhanto (géométrie). (1150)	52
9.	Voraho Shonghita (sur les Shoptorhishi). (649)	3
10.	Sharbobhŏoumo (sur les Shoptorhishi). (1640)	3
11.	Shakolyo Shonghita	35

3ᵉ VOLUME IN-4°.

12.	Shiddhanto Shirômoni (Bhashkora). (1150)	43
13.	Shiddhanto Shirômoni Gôladhya (Bhashkora). (1150)	62
14.	Gonitottohtchinntamoni (Lokmidash). (1501)	271

4ᵉ VOLUME IN-4°.

15.	Shoûrdjyo Shiddhanto par Ramdash, Nrishingho et Sharbobhŏoumo. (de 1621 à 1640)	209

[1] Les chiffres entre parenthèses indiquent l'année connue de la composition de quelques livres, à partir de l'ère chrétienne : celle des autres reste a trouver.

¹ M. Marshman a publié à Serampour, en 1835, 27 *tottôs* de Roghounondon avec le titre de *Institutes of the Hindoo religion*. Il m'a dit, à cette époque, qu'il lui avait été impossible de se procurer le 28ᵉ *tottô* des Tithis, le Djonmo, pour rendre son édition complète. Ce *tottô*, en effet, est très-rare.

<hr>

NOTICE

SUR LES POUTHIS QUI PRÉCÉDENT, SUIVANT LEURS NUMÉROS D'ORDRE.

1. — Ce numéro et les numéros 24 et 44 sont des manuscrits du Shoûrdjyo, sans commentaire; ils ont été recueillis en différents lieux du Bengale, et ils offrent quelques variantes.

2. — On attribue généralement ce traité complet d'astronomie à Brommo Goupto, ou plutôt à un Brommo Goupto. L'astronome qui a fixé en l'an 500 de notre ère la coïncidence du zodiaque lunaire et du zodiaque solaire au point équinoxial du printemps; qui a adopté l'ancienne opinion de l'oscillation des

points équinoxiaux sur une étendue de 54 degrés de l'écliptique, à raison de 54″ de précession annuelle, est aussi généralement appelé Brommo Goupto. C'est peut-être le chef de cette famille des Gouptos astronomes ; mais on n'a aucun ouvrage de lui. L'auteur en question est postérieur à Voraho Mihiro, et il le cite souvent ; il fixe le point de départ de ses calculs à l'an 79 de J. C. Ses principes de chronologie et ses mouvements planétaires sont ceux de Moyo, avec des modifications. Son système était très-répandu dans l'Inde vers le xᵉ siècle de notre ère ; car à Balk, où vivait le célèbre astronome Albumazar, les Indiens comptaient 720,634,442,715 jours de la dernière création au Koly-Youg, et 3,725 ans du Koly-Youg à l'hégire. Leur année était de 365 jours 15 dondos 30 pols 19 bipols 30 tripols. Ils faisaient de 1,577,916,450,000 jours naturels leur Kolpo, qui était de 432,000,000 ans ; ils disaient que 1,972,944,000 années de ce Kolpo s'étaient écoulées depuis le commencement de la création jusqu'au commencement du Koly-Youg. Il est évident que ces opinions venaient de l'auteur du Brommo Shiddanto ou Brommo Goupto ; car elles sont conformes aux principes chronologiques et astronomiques de ce réformateur de la précession, de la chronologie et de toute l'astronomie de Moyo. C'est dans cet ouvrage que l'on trouve réfutée l'opinion de l'astronome Aryabhatta, qui soutenait que les étoiles étaient fixes ; que la terre tournait sur son axe en un jour, de manière à avoir, par sa révolution propre, le jour et la nuit, le lever et le coucher des planètes et des étoiles. Aryabhatta, venu trop tôt pour son siècle, disait que les planètes, par rapport à la terre, n'avaient qu'un mouvement de révolution. (Voyez *Rech. Asiat.* de Calcutta, p. 242 du vol. IX, p. 227 du vol. XII, et p. 240 du vol. II.)

3. — J'ai parlé de ce livre, p. 26, 53, 65 et 66 de l'Astronomie indienne.

4. — Traité plus astrologique qu'astronomique. Au reste, « chez les anciens astronomes, dit Bhashkora, le but de l'astronomie est l'astrologie judiciaire ; et cette science est basée sur l'influence des configurations, et celles-ci sont fondées sur les positions apparentes des planètes. » (Voyez p. 376 du IXᵉ vol. des *Rech. Asiat.*)

5. — Ce numéro et les numéros 48 et 51 sont divers manuscrits du même ouvrage ; les deux derniers ont reçu de leur auteur quelque augmentation, ou sont plus complets. J'ai parlé de cet ouvrage très-estimé, p. 5. L'auteur explique quelques parties du Shoûrdjyo Shiddhanto.

6. — J'ai fixé l'âge de ce poëte, p. 67. Son ouvrage, avec le numéro 26, est un des plus riches en documents historiques et astrologiques des temps anciens de l'Inde.

7. — Traité d'arithmétique et d'algèbre. Colebrooke et Taylor l'ont traduit en anglais.

8. — Traité de géométrie et de trigonométrie non traduit jusqu'à ce jour.

Le numéro 20 est un second exemplaire du même ouvrage. Euclide a-t-il emprunté quelque chose des Indiens, ou bien est-ce l'inverse? Tant que ce traité ancien et très-curieux dans sa spécialité n'aura pas été traduit exactement comme le précédent, il ne convient à aucun Européen de se prononcer sur cette question. On sait que Moyo suppose toutes ces sciences, puisqu'il s'en sert.

9. — Ce numéro et les numéros 10, 17 et 18 sont des manuscrits du même ouvrage; mais ils sont accompagnés de divers commentaires. J'ai cité celui de Sharbobhŏoumo, p. 64. (Voyez p. 358 du IX⁰ vol. des *Rech. Asiat.* pour le fond de l'ouvrage; Colebrooke l'examine longuement.)

11. — Poëme très-ancien et très-estimé. Je le cite, p. 34. Il traite le même sujet que Moyo. Le numéro 19 est un second manuscrit du même ouvrage. On n'est pas sûr du nom de l'auteur : mais que ce soit Shakolyo, Brommo Shiddhanto ou Brommo Goupto, peu importe; le poëte suit entièrement les révélations de Moyo.

12. — Traité d'astronomie attribué encore à Brommo Goupto; il est accompagné du commentaire de Bhashkora. J'en ai parlé, p. 37, 38, 39 et 40. Les numéros 13 et 14 sont deux commentaires différents du commentaire de Bhashkora et de son texte. Cette astronomie est fondée sur celle du numéro 2 ; on l'attribue, sans une raison suffisante peut-être, à Brommo Goupto. M. Reinaud, à qui l'on doit la traduction d'un curieux extrait d'Albyrouny, m'a dit avoir lu quelque part, dans le manuscrit de ce voyageur arabe du xi⁰ siècle, que les Brammes n'étaient pas sûrs que Brommo Goupto fût l'auteur du texte commenté par Bhashkora. Quoi qu'il en soit, l'ouvrage est très-estimé et cité partout. Bhashkora dit dans cet ouvrage : «La terre est douée d'une force d'attraction semblable à celle de l'aimant pour le fer; par cette force elle attire à elle tous les corps placés autour d'elle dans l'atmosphère, de sorte que ces corps semblent tomber vers elle.» (Voyez p. 229 du XII⁰ vol. des *Rech. Asiat.*)

15. — Commentaire du Shoûrdjyo Shiddhanto par Ramdash, Sharbobhŏoumo et Nrishingho. Le numéro 22 est la suite de ce commentaire important. Le texte de Moyo est rapporté, discuté et expliqué.

16. — Commentaire du Shoûrdjyo Shiddhanto par Dadabhaï. Le texte est également rapporté et discuté.

21. — Traité complet d'astronomie, très-estimé et souvent cité dans les Recherches Asiatiques. L'auteur suit l'astronomie de Shoûrdjyo, et en enseigne la pratique.

23. — J'ai souvent cité cet auteur, et lui ai emprunté plusieurs pages astrologiques. Son ouvrage est très-bien écrit, et est partagé en dix-sept chapitres; il fait autorité en astrologie.

25. — Excellent commentaire du Shoûrdjyo Shiddhanto, dont il rapporte le texte très-fidèlement.

26. — Le Songhita de Voraho est divisé en seize chapitres ; tout l'ouvrage est très-curieux et intéressant ; il traite de l'astronomie suivant les principes de Moyo, de l'astrologie, de l'histoire et de la géographie. Le VIII° vol. des Rech. Asiat. p. 343 et suivantes, donne un extrait des chapitres où il est question des noms des diverses divisions du dos de la tortue (la terre) qui nous porte. On devrait publier cet ouvrage, ainsi que le numéro 6; on y trouverait la solution de bien des difficultés sur les anciennes traditions orientales. Il fait autorité parmi les Brammes.

27. — Traité d'astronomie pratique; il contient 43 pages de tables astronomiques.

28. — C'est dans cet extrait que l'on trouve les noms divers des Nokhyottros; je l'ai cité, p. 52, 53 et 70. On attribue généralement cet ouvrage au fameux roi Bhôja. Il mérite l'attention des archéologues qui s'occupent ou s'occuperont des antiquités de l'Inde et de la Perse.

29. — Traité des signes du zodiaque solaire.

30. — Cet ouvrage a été cité, p. 53, 68, 69 et 70.

31. — Commentaire des viii° et ix° chapitres du Shoûrdjyo Shiddhanto.

32. — Compilation d'articles d'almanach sur les âges, les tremblements de terre, etc.

33. — Petite encyclopédie astrologique. Je l'ai citée p. 55, et lui ai fait des emprunts nombreux.

34. — Traité d'astronomie pratique; il contient 27 feuilles ou bandes de tables dont on se sert maintenant pour la composition des almanachs dans le Bengale.

35. — Suite du précédent; il contient 28 feuilles de tables, qui ont les principes du Shoûrdjyo pour base.

36. — Autre ouvrage d'astronomie, dans lequel Mothouranath explique les fondements de la chronologie et des tables astronomiques d'après Shoûrdjyo Shiddhanto. Je l'ai cité à l'occasion d'un vers, p. 128.

37. — J'ai donné le fond de cet ouvrage antique, p. 151, 152, 153 et 154.

38. — Méthode expéditive pour trouver la position des planètes dans les Nokhyottros, à partir de l'an de Shoko 1546 (1624 de J. C.).

39. — Cet ouvrage est astronomique, astrologique et religieux en même temps, comme tous les autres Tottos (traités) de Roghounondon. Les Tottos de cet écrivain moderne sont des compilations faites avec des ouvrages rares ou perdus. M. Marshman qui les a imprimés, les a intitulés *Institutions de la religion indienne*, et il a bien fait, car cette religion n'a réellement dans la

pratique que ces livres astrologiques pour guide ; les Védas ne sont plus que des livres de philosophie et de discussion dans la classe des Brammes instruits.

40. — Ceux qui composent les almanachs pour l'est du Bengale, se servent de cette compilation de tables astronomiques. Elle renferme 38 feuilles de tables.

41. — On devrait faire imprimer ce dictionnaire de mots numériques ; mais il faudrait y ajouter les mots employés communément par les auteurs les plus estimés d'astronomie, et qui ne s'y trouveraient pas indiqués : car ce dictionnaire est très-court, et ne donne pas les synonymes de chaque chose numérique ou hiéroglyphique. Le numéro 25, de janvier 1834, du Journal Asiatique de Calcutta en contient un extrait.

42. — Traité d'astronomie et surtout d'astrologie. Je lui ai emprunté quelque chose.

43. — Traité pratique d'astronomie. Il contient 12 feuilles de tables. Le numéro 53 est un second manuscrit du même ouvrage. Quelques-unes d'elles ont été publiées par Bentley à la fin de son astronomie. Je donnerai plus bas le titre de toutes ces tables.

45. — Traité pratique d'astronomie ; il contient 24 feuilles de tables qui servent maintenant dans le Bengale. Le numéro 55 est un second exemplaire du même ouvrage important.

46. — Je parle de cet ouvrage astrologique, p. 80.

47. — Tables pour trouver le point des équinoxes, le commencement de l'année, etc.

49. — Traité de la division du temps, de la longueur des jours pendant l'année pour diverses latitudes. J'ai donné en abrégé, p. 148 et 149, les tables de la longueur du jour qui se trouvent dans ce traité.

50. — Traité de la mesure du temps ; des périodes chronologiques ; des ascensions droites pour Lanka, etc. il contient 10 feuilles de tables. J'ai donné, p. 146, la table de Lanka appliquée à la latitude d'Oudjeïn.

52. — Traité d'astrologie et de quelques points astronomiques.

54. — Époque des mouvements des planètes dans les Nokhyottros, pour plusieurs années.

56. — Traité théorique du calcul des éclipses de soleil et de lune.

57. — Traité semblable au précédent.

58. — Traité pratique pour trouver mathématiquement la position des planètes dans les Nokhyottros, et pour calculer les éclipses de soleil et de lune ; il contient 14 feuilles de tables.

DÉTAIL DES TABLES DU NUMÉRO 43, ET DES DIVISIONS DE CE POUTHI
DE MOTHOURANATH.

1° Théorie des tables construites d'après Shoûrdjyo Shiddhanto.

2° Tables pour l'équation de l'orbite du Soleil.

3° Id. pour l'équation de l'orbite de la Lune.

4° Id. pour la semi-parallaxe de l'orbite de Mars.

5° Id. pour l'équation de l'orbite de Mars.

6° Id. pour l'élongation de Mercure.

7° Id. pour l'équation de la longitude de Mercure.

8° Id. pour la semi-parallaxe de l'orbite de Jupiter.

9° Id. pour l'équation de l'orbite de Jupiter.

10° Id. pour l'élongation de Vénus.

11° Id. pour l'équation de la longitude de Vénus.

12° Id. pour la semi-parallaxe de l'orbite de Saturne.

13° Id. pour l'équation de l'orbite de Saturne.

14° Id. des mouvements du Soleil depuis un jour jusqu'à 12 mois.

15° Id. des mouvements de la Lune   id.   id.

16° Id. des mouvements de Mars   id.   id.

17° Id. des mouvements de Mercure   id.   id.

18° Id. des mouvements de Jupiter   id.   id.

19° Id. des mouvements de Vénus   id.   id.

20° Id. des mouvements de Saturne   id.   id.

21° Id. des mouvements de Rahou   id.   id.

22° Id. des mouvements de Ketou   id.   id.

23° Id. des mouvements de l'apogée   id.   id.

24° Id. pour trouver les années du cycle (de 60 ans) de Jupiter, à partir de l'équinoxe du printemps de l'année de Shoka (79 ans après J. C.) et de l'année du Koly-Youg (3101 ans avant J. C.).

25° Tables pour trouver le commencement de l'année ordinaire.

26° Id. d'époques pour le calcul des équinoxes, des longitudes des planètes, de Rahou, de Ketou, de l'apogée et des yôgs.

27° Tables pour les mois, les jours, les heures et les minutes.

N. B. Les autres manuscrits que j'ai recueillis dans l'Inde, formant près de cinquante ouvrages différents, sur la littérature, la philosophie, la religion, la botanique et la médecine, m'ont été aussi très-utiles; je les ai consultés plus d'une fois pour quelques opinions astrologiques ou physiques.

FIN.

TABLE DES CHAPITRES.

FIN DE LA TABLE.

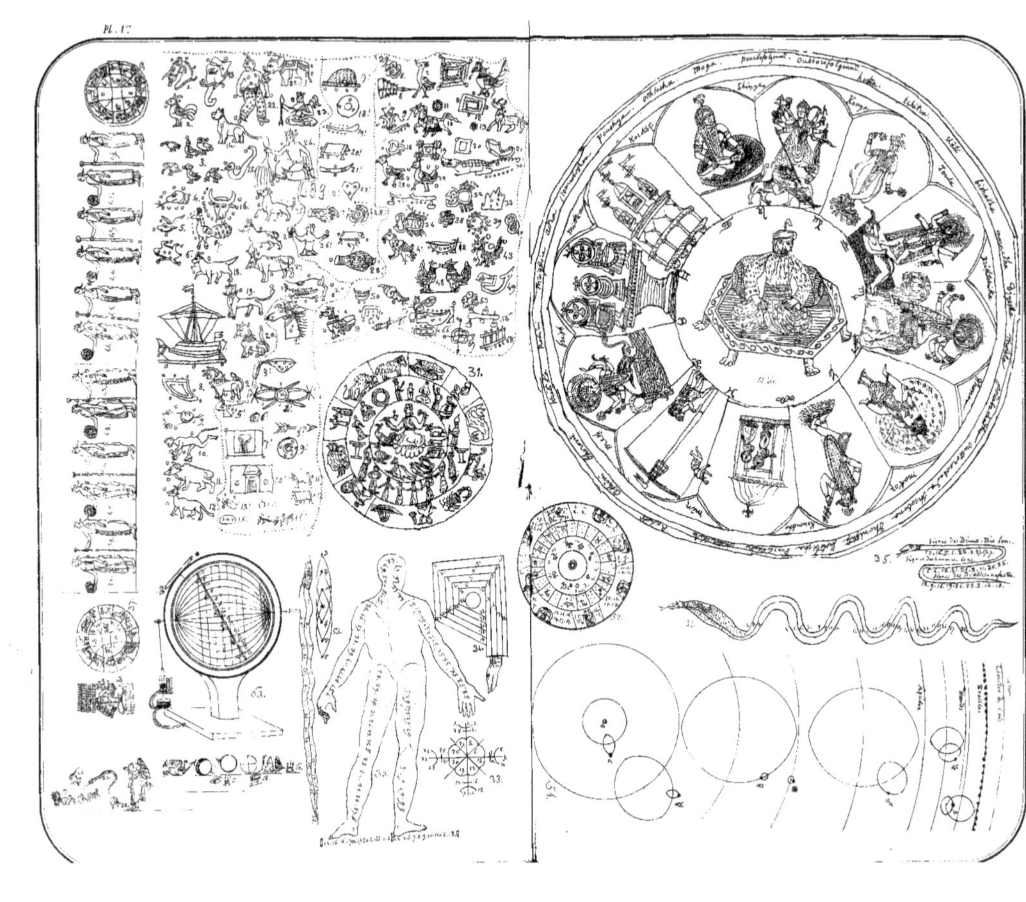

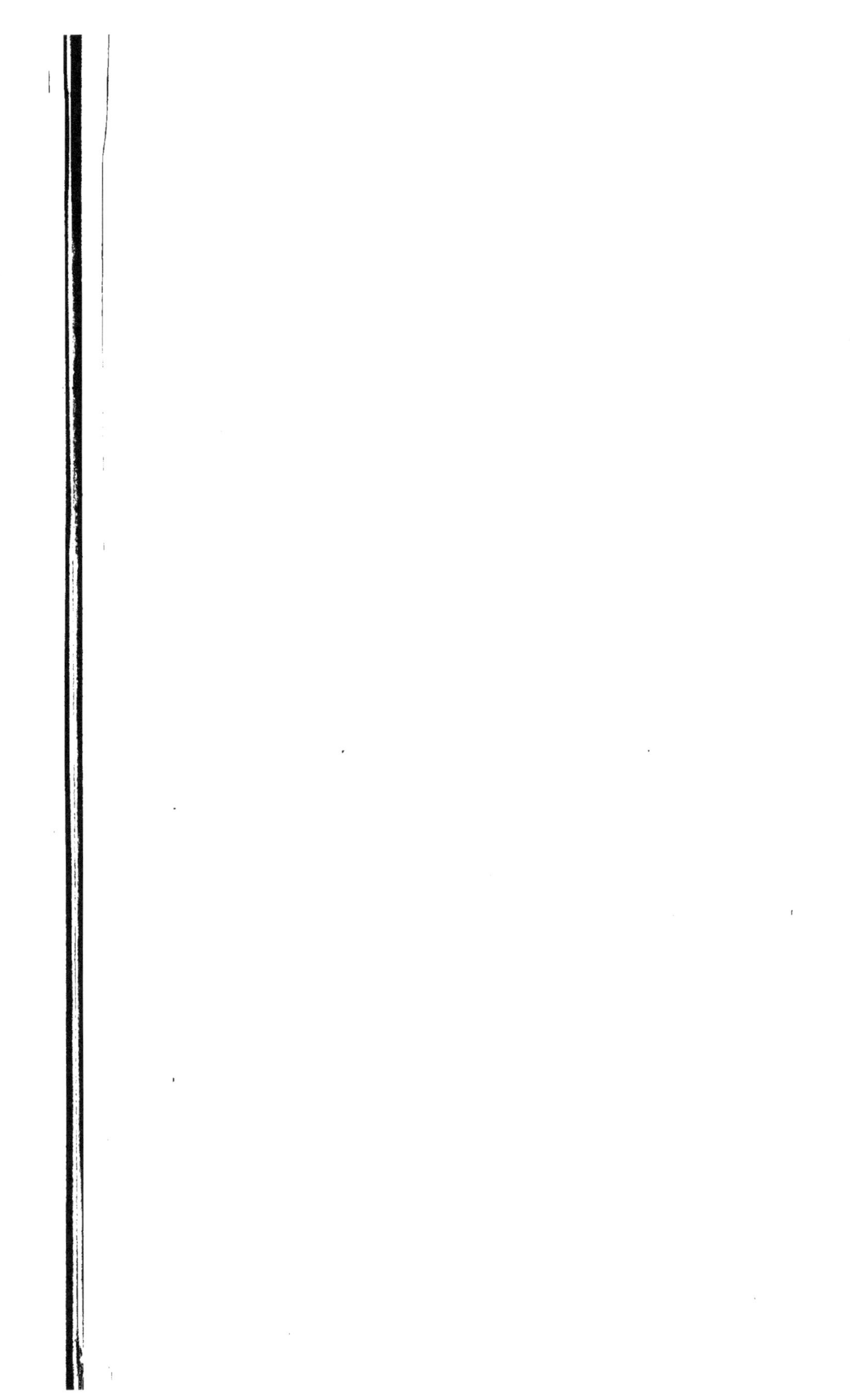

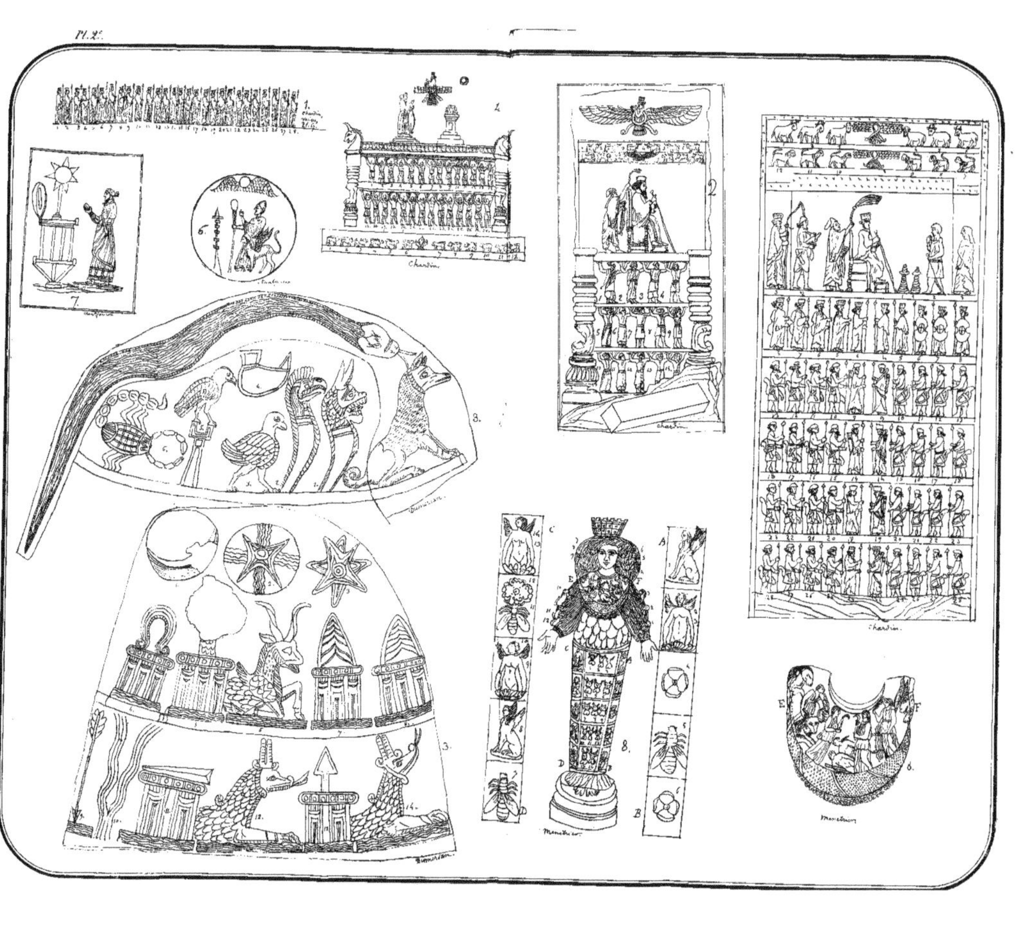

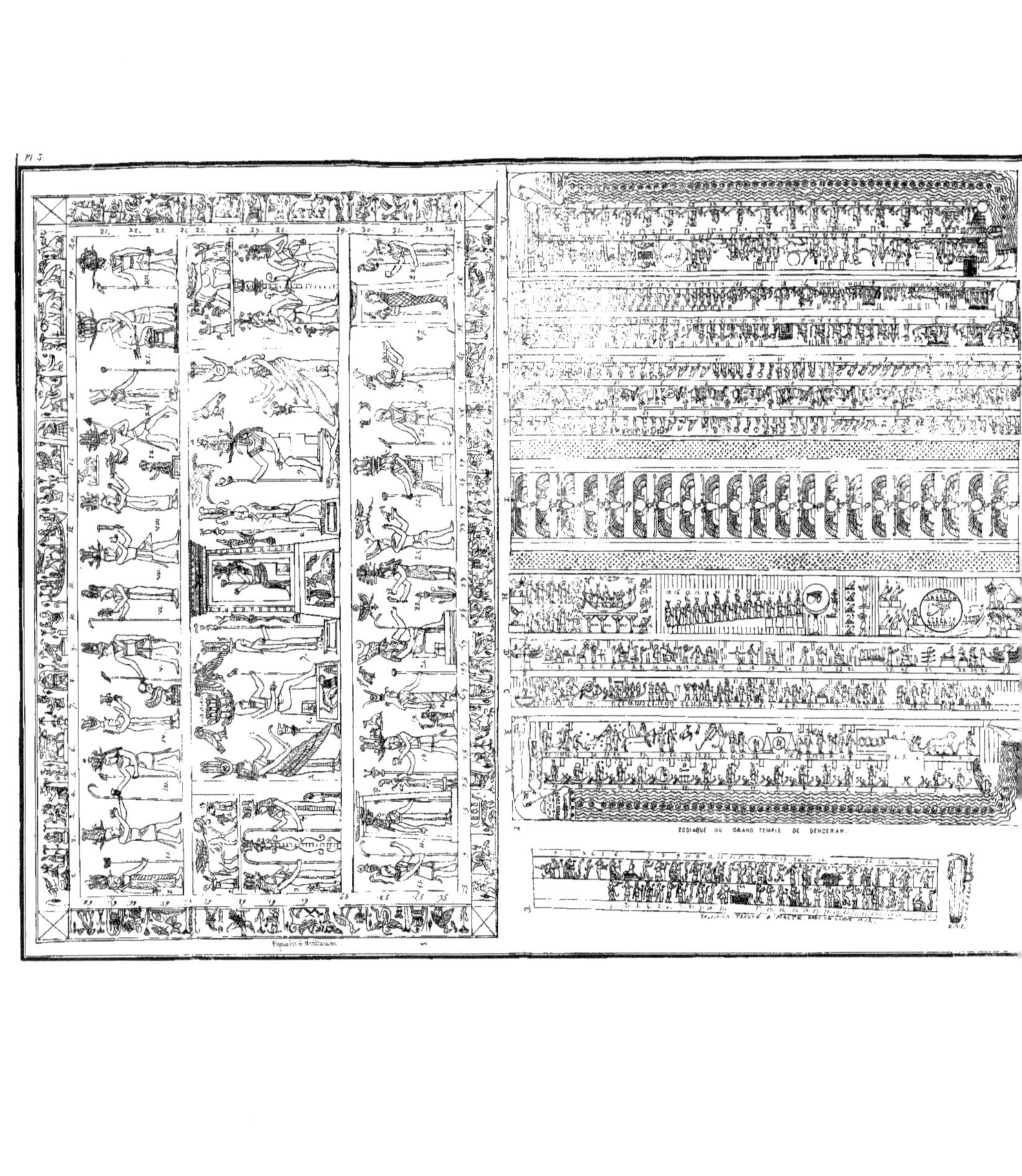
ZODIAQUE DU GRAND TEMPLE DE DENDERAH.

Indication abrégée des Ju mal cra
se fait le débarque me 'thra pa
de mythe, probablemer de pin
cette figure mithriaqu les tiaref
costume est celui des reau de l'a

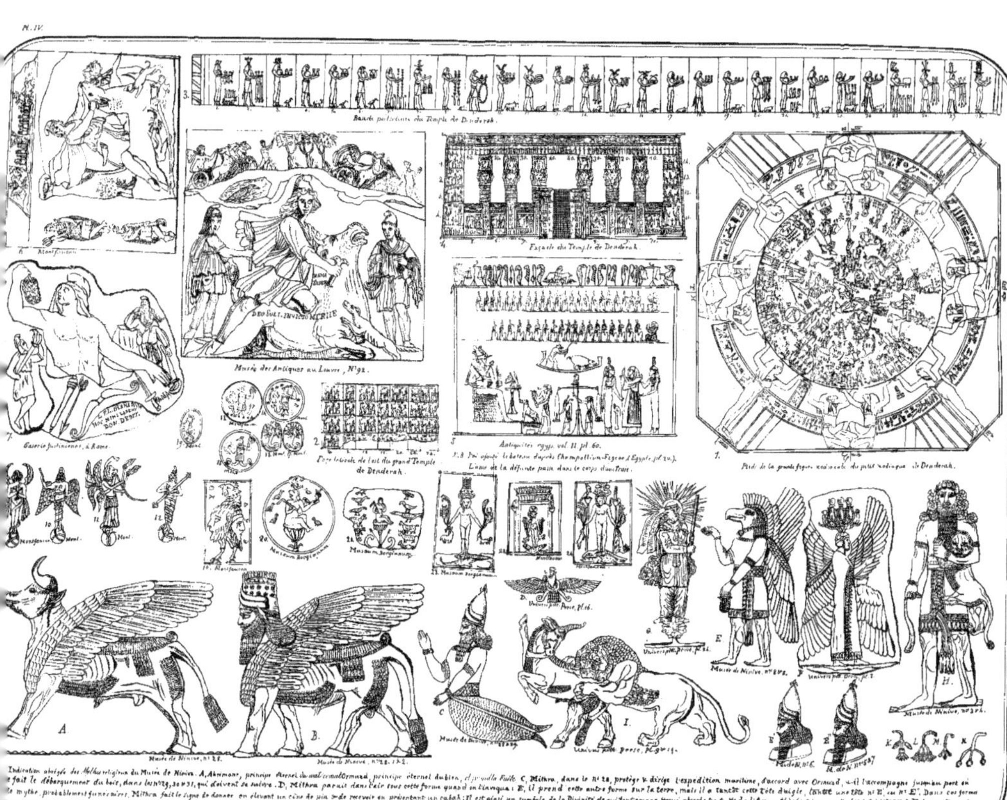